Grundlagen des Aufzugsbaues

Von

Dr. M. Paetzold †

Nachtrag und Anhang:
Änderungen der „Technischen Grundsätze für den Bau von Aufzügen" seit 1926

Von

Dipl.-Ing. **Fritz Köhler**
Regierungsrat und Mitglied des Reichspatentamts

Mit 50 Abbildungen im Text

Springer-Verlag
Berlin Heidelberg GmbH
1936

ISBN 978-3-662-40727-1   ISBN 978-3-662-41209-1 (eBook)
DOI 10.1007/978-3-662-41209-1

Alle Rechte, insbesondere das der Übersetzung
     in fremde Sprachen, vorbehalten.
Copyright 1936 by Springer-Verlag Berlin Heidelberg
Ursprünglich erschienen bei Julius Springer in Berlin 1936

Vorwort.

Nach Erscheinen des Buches: ,,Grundlagen des Aufzugsbaues" von Oberregierungsrat Dr. M. PAETZOLD im Jahre 1927 sind im deutschen Aufzugsbau zahlreiche bemerkenswerte Konstruktionen und Steuerungen entwickelt worden; außerdem sind inzwischen die ,,Technischen Grundsätze für den Bau von Aufzügen", die einen wichtigen Bestandteil der im Jahre 1926 erschienenen Aufzugsverordnung bilden, in verschiedenen Punkten abgeändert und ergänzt worden. In dem vorliegenden Nachtrag, der auf Anregung des Verlages entstanden ist, will ich einen Überblick über eine Anzahl von Neukonstruktionen und Steuerungen, sowie über die Abänderungen der ,,Technischen Grundsätze" geben, ohne dabei auf lückenlose Vollständigkeit Anspruch zu erheben. Ich hoffe, daß diese Ergänzung den Benutzern des Buches ,,Grundlagen des Aufzugsbaues" erwünscht ist; ich glaube auch, daß die vorliegende Arbeit im Sinne des leider zu früh verstorbenen Verfassers des genannten Buches, meines verehrten Lehrers und Vorgängers im Amt, gehalten ist.

Schließlich danke ich den Firmen und ihren Abteilungsleitern usw., sowie dem Leiter der deutschen Aufzugprüfstelle in Berlin-Charlottenburg, Herrn Dr.-Ing. DONANDT, die mir bereitwilligst Originalzeichnungen, Originalveröffentlichungen und Auskünfte zur Verfügung gestellt haben.

Berlin, im Januar 1936. KÖHLER.

Inhaltsübersicht.

	Seite
I. Äußere Anordnung des Aufzugmotors mit Treibscheibe oder Winde	1
a) Getriebeloser Motor	1
b) Verschiebeankerbremse	2
II. Regelung der Fahrgeschwindigkeit; Feineinstellungen	2
a) Feineinstellungen mit Hilfsmotor	2
b) Tippschaltungen	3
1. Allgemeines	3
2. Aufzugssteuerung mit Feineinstellung mittels Drehzahlgeber (Ausführung der Allgemeinen Elektrizitätsgesellschaft)	4
3. Schrittwächtersteuerung der Siemens-Schuckert-Werke	5
c) Feineinstellungen unter Verwendung einer mechanischen Bremse	6
d) Polumschaltbarer Motor	9
e) Kaskadenschaltung	12
f) Leonardschaltung mit Dämpfungsmaschine	13
g) Wahl der Feineinstellungsart	14
h) Bündigschalter	15
i) Allgemeines über die Förderleistung von Aufzügen unter Berücksichtigung der Feineinstellung	16
III. Weitere Beispiele von neuzeitlichen Steuerungen für Aufzüge	18
a) Aufzugsdrehstromsteuerung der Siemens-Schuckert-Werke	18
b) Druckknopfsteuerung der Siemens-Schuckert-Werke	18
c) Aufzugssteuerung mit Leonardantrieb der Siemens-Schuckert-Werke	19
IV. Selbsttätige Sammelsteuerungen	19
a) Allgemeines	19
b) Signal-Kontroll-System der Otis-Aufzugswerke	19
c) Sammelsteuerung mit Einknopfbedienung der Schindler-Aufzügefabrik	20
d) Wählersteuerungen nach Art der Fernsprechsteuerungen	20
V. Neuere Ausführungen von Fahrtreppen	21
a) Allgemeines	21
b) Anordnung des Motors mit Getriebe	21
c) Führung an den Umkehrstellen	22
d) Selbsttätige Steuerung von Fahrtreppen	23
e) Rollwendeltreppen	24
f) Einbaumöglichkeit der Fahrtreppen	24
VI. Plattformaufzüge	25
VII. Türverriegelungen	27
a) Allgemeines	27
b) Türverschluß mit Sperrscheiben, Verriegelungsgestänge und Zentralkontakt	27
c) Türverschluß mit Verriegelungsgestänge und Zentralkontakt	27
d) Verriegelung mit Einzelkontakten und Hubkurve	29
VIII. Bewegungsvorrichtungen für die Schachttüren	29
a) Allgemeines	29
b) Elektrisch-hydraulische Türbewegungsvorrichtung	30
c) Schließvorrichtung mit Schließfeder	30
Anhang:	
Änderungen der „Technischen Grundsätze für den Bau von Aufzügen" seit 1926 (mit den zugehörigen Erläuterungen des Deutschen Aufzugsausschusses)	31

I. Äußere Anordnung des Aufzugsmotors mit Treibscheibe oder Winde.

a) Getriebeloser Motor. — In den letzten Jahren hat man vielfach bei schnellaufenden Treibscheibenaufzügen das sonst übliche Schneckengetriebe weggelassen und die Treibscheibe unmittelbar neben dem Motor und gleichachsig mit diesem angeordnet. Diese Bauart, die bei elektrischen Bergwerksfördermaschinen schon seit längerer Zeit bekannt ist, ergibt eine sehr gedrungene Gesamtanordnung. Abb. 1 zeigt einen derartigen Aufzugsantrieb[1], der im Funkturm Witzleben und zwar an dessen oberem Ende eingebaut ist. Der Gleichstrommotor von 20 PS treibt eine Treibscheibe von 800 mm Durchmesser unmittelbar mit einer Drehzahl von 60 Umläufen/min an. Der Kommutator, der Anker, die Bremsscheibe und die Treibscheibe sind auf einer langen, als Hohlwelle ausgebildeten Nabe angeordnet, die von der durchgehenden Motorwelle getragen wird. Die Bremse ist so bemessen, daß zum Festhalten der Last die Wirkung nur einer der beiden Bremsbacken genügt. Jede der beiden Bremsbacken kann daher unter Last ausgewechselt werden. Die elektromagnetische Lüftungsbremse ist so eingerichtet, daß sie beim Ausbleiben des Stromes auch von Hand gelüftet werden kann. Zu diesem Zweck ist links unterhalb des Bremsmagneten ein mit einer Tasche versehener, in der Abb. links oben deutlich erkennbarer Hebel angeordnet, mit dem der Kern des Magneten angehoben werden kann, nachdem in die Tasche eine Stange gesteckt worden ist. Auf diese Weise kann der Fahrkorb in dem Falle, daß er beim Ausbleiben des Stromes im Schacht stecken geblieben ist, bis zur nächsten Haltestelle durch sein Eigengewicht gesenkt

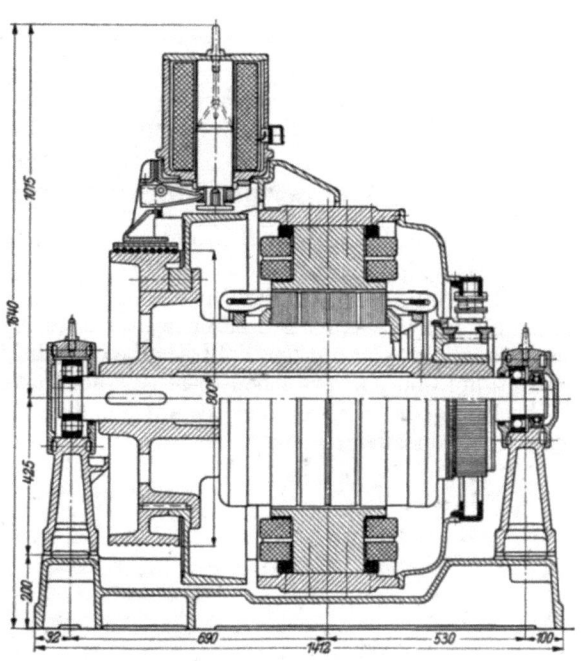

Abb. 1. Aufzugwindwerk mit unmittelbarem Antrieb der Treibscheibe. Längsschnitt. (Aus: Z. VDI. 1929, S. 946.)

oder durch das Übergewicht des Gegengewichtes gehoben werden. — Durch die getriebelose Anordnung kann die Förderleistung eines Aufzugsantriebes unter sonst gleichen Verhältnissen oft beträchtlich gesteigert werden. Beispielsweise sind der mechanische Wirkungsgrad und die Geschwindigkeit des genannten Funkturmaufzuges, der ursprünglich mit einem Übersetzungsgetriebe versehen war, nach dem Einbau eines getriebelosen Motors und dem Ersatz des ursprünglich eingebauten polumschaltbaren Motors durch einen Leonardantrieb nach nachstehender Zusammenstellung auf beinahe den doppelten Wert erhöht worden:

Funkturmaufzug	Höchstlast kg	Motorleistung PS	Motorart	Getriebe	Geschwindigkeit m/sec
alt	750	20	polumschaltbarer Motor	Schneckengetriebe	1,5
neu	750	20	Leonardantrieb	getriebelos	2,5

[1] Ausführung der Firma C. Flohr.

b) Verschiebeankerbremse. — Zur Vermeidung des Bremsmagneten werden Aufzugsmotoren bis zu etwa 10 PS (Hebezeugmotoren bis zu 200 PS) vielfach mit einer Verschiebeankerbremse versehen, wie die Abb. 2 u. 5, Seite 3 zeigen[1]. Beim Einschalten des Motors wird der Anker a (Abb. 2) selbsttätig ein kurzes Stück axial verschoben; hierdurch wird der mit dem Anker fest verbundene Teil einer Konusbremse b von dem feststehenden Konusteil gegen den Druck einer Feder abgehoben, so daß die Bremse gelüftet wird. Beim Abschalten des Stromes wird die Bremse durch die Feder selbsttätig wieder eingerückt. — Der ganze Motor weist wegen des Fortfalls des Bremsmagneten und des Bremsgestänges eine sehr gedrängte Bauart auf, wie aus Abb. 2 deutlich ersichtlich ist. — Weiterhin hat die Anordnung den Vorteil, daß die Bremse beim Schließen nicht kleben bleiben kann.

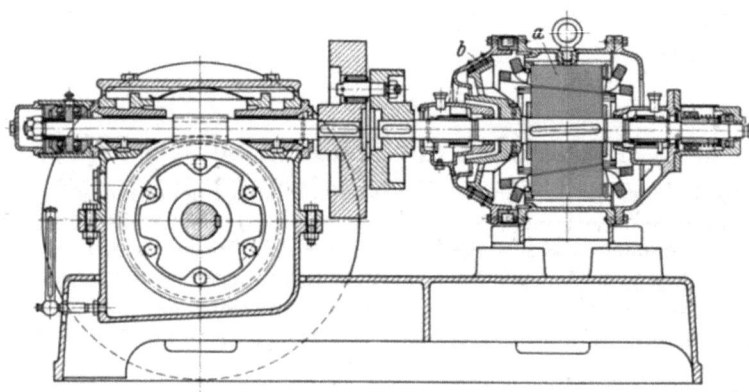

Abb. 2. Aufzugsantrieb mit Verschiebeankerbremse. a Anker, b Konusbremse

II. Regelung der Fahrgeschwindigkeit; Feineinstellungen.

a) Feineinstellungen mit Hilfsmotor. — In den letzten Jahren gewannen die Vorrichtungen zum genauen Einfahren in die Haltestelle eine erhebliche Bedeutung. Zunächst wurde die schon auf S. 21, Abb. 135 u. 136 des Buches in einem Beispiel behandelte Bauart mit einem Hilfsmotor für das langsame Einfahren weiter entwickelt. Vor allem war man bestrebt, den Hilfsmotor möglichst eng mit der Treibscheibe oder der Winde zusammenzubauen, um eine gedrängte Gesamtanordnung zu erreichen. Ein Ausführungsbeispiel zeigen die Abbildungen 3 u. 4[2]. Die Treibscheibe oder Seiltrommel besteht aus dem Scheibenkörper a, der mit der Welle b fest verbunden ist, und dem Kranz c, der an dem Teil a drehbar gelagert ist. Der Hilfsmotor k ist an einem Flansch des Teiles a befestigt, und zwar so, daß die Achse des Hilfsmotors parallel zur Achse des Hauptmotors liegt; der Hilfsmotor wird also als Ganzes mit dem Scheibenkörper bewegt. Der Hilfsmotor steht mit dem Seilkranz c über die mehrgängige Schnecke i, die auf einer Welle sitzenden Schneckenräder h und g, das Schneckenrad f, sowie zwei Zahnräder e und die Innenzahnkränze d in Verbindung. Der Hilfsmotor ragt, wie aus Abb. 4 ersichtlich ist, zu zwei Drittel in die Treibscheibe hinein. Zur Stromzuleitung für den Hilfsmotor sind Schleifringe vorgesehen. — Bei der normalen Fahrt ist der Hilfsmotor abgeschaltet; das ganze Aggregat läuft infolge der Selbstsperrung der Schneckenräder mit der Welle b starr um. Für die Feineinstellungsfahrt wird der Hauptmotor ausgeschaltet und mit Hilfe des üblichen Bündigschalters der Hilfsmotor eingeschaltet. Dann dreht der Hilfsmotor infolge der durch die Schneckenräder und Zahnräder gegebenen Übersetzung den Seilkranz mit sehr kleiner Geschwindigkeit.

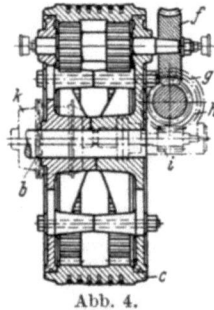

Abb. 4.

Abb. 3 u. 4. Treibscheibe einer Aufzugsmaschine mit Hilfsmotor.
a fester Teil der Treibscheibe,
b Trommelwelle,
c drehbarer Teil der Treibscheibe,
d Zahnkränze,
e Zahntriebe.
f Schneckenrad,
g selbstsperrende Schnecke,
h Bronzeschneckenrad,
i mehrgängige Schnecke,
k Hilfsmotor.
(Aus: Z. VDI 1927, S. 1166.)

Ein weiteres Ausführungsbeispiel zeigt Abb. 5[3]. Hier ist das von der Schneckenwelle a des Hauptmotors angetriebene Schneckenrad b nicht mit der Treibscheibe c, sondern mit einem innerhalb der Treibscheibe angeordneten Getriebegehäuse d fest verbunden. Das Getriebegehäuse umschließt zwei um 180° gegeneinander versetzte Schneckenräder e, die über in der Zeichnung

---

[1] Ausführung der Firma C. Flohr. [2] Firma Unruh u. Liebig. [3] Firma C. Flohr.

nicht sichtbare Zahnräder und Kegelräder den an der Treibscheibe c befestigten Zahnkranz f antreiben. Die Treibscheibe ist durch Seitenflansche auf dem zu einer Hohlwelle g ausgestalteten Getriebegehäuse drehbar gelagert. In dieser Hohlwelle ist die mit dem Motor h für die Feineinstellung kuppelbare Schneckenwelle k angeordnet, die ihre Bewegung auf die Getriebeschneckenräder e überträgt. Der Motor h für die Feineinstellung ist hier mit einem verschiebbaren Anker ausgerüstet (vgl. S. 2), der nach Einschaltung des Stromes bei seiner Bewegung nach rechts die Bremse zwischen der Motorwelle und dem Motorgehäuse gegen die Wirkung der Feder l lüftet. Nach Abschalten des Motors h wird sein Anker durch die Feder l wieder in die Anfangslage zurückgeführt. Der am Motor h links angebaute Elektromagnet erhält zugleich mit dem Motor h Strom und unterstützt die Verschiebung des Ankers nach rechts.

Beim Arbeiten des Hauptmotors wird die Bewegung durch das Schneckenzahnrad b, das Getriebegehäuse d und das in diesem angeordnete feststehende Getriebe auf die Treibscheibe c

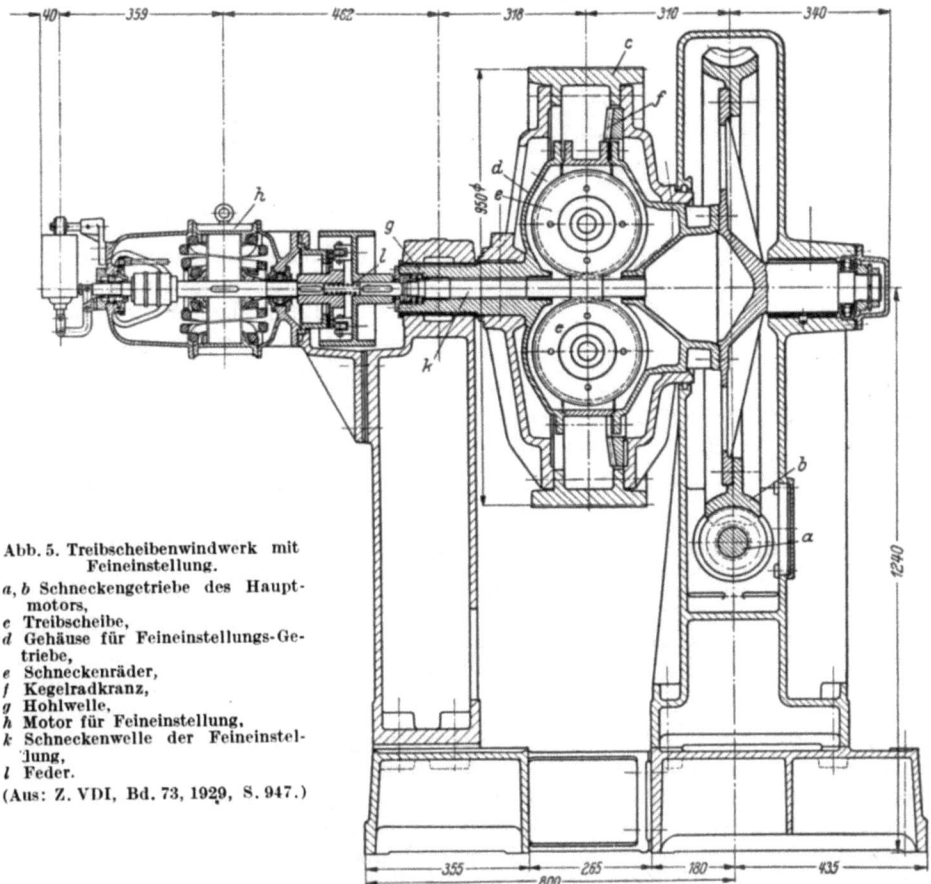

Abb. 5. Treibscheibenwindwerk mit Feineinstellung.
a, b Schneckengetriebe des Hauptmotors,
c Treibscheibe,
d Gehäuse für Feineinstellungs-Getriebe,
e Schneckenräder,
f Kegelradkranz,
g Hohlwelle,
h Motor für Feineinstellung,
k Schneckenwelle der Feineinstellung,
l Feder.
(Aus: Z. VDI, Bd. 73, 1929, S. 947.)

übertragen. Wird der Motor h für die Feineinstellung eingeschaltet, so werden die Getriebeschneckenräder in Umdrehung versetzt und leiten ihre Bewegung über — nicht näher dargestellte — Stirnräder und Kegelräder auf die Treibscheibe, die eine Drehung gegenüber dem Getriebegehäuse erfährt.

Die beschriebene Anordnung wird bei Geschwindigkeiten über 1 m in Verbindung mit einem polumschaltbaren Motor verwendet, durch den sich eine weitere Regelstufe ergibt. — Mit einem solchen Feineinstellungsantrieb, also mit einem Hilfsmotor, läßt sich eine Geschwindigkeitsherabsetzung auf 0,1 m/sec und darunter erreichen.

b) Tippschaltungen. 1. Allgemeines. — In den letzten Jahren sind verschiedentlich sog. Tippschaltungen für Feineinstellungen entwickelt worden. Bei diesen Tippschaltungen wird der schon abgebremste Motor kurz vor der Haltestelle beim Über- und Unterschreiten einer bestimmten Geschwindigkeit im Wechsel mehrmals aus- und eingeschaltet, so daß der Fahrkorb mit ganz kleinen Schritten in die Haltestelle einfährt. Hierbei muß jedoch noch die Richtung der Last berücksichtigt werden, da beispielsweise bei Vollast aufwärts sich naturgemäß viel kleinere

Schritte ergeben, als bei Vollast abwärts. Nachfolgend sind zwei Ausführungsbeispiele von Tippschaltungen beschrieben:

2. **Aufzugssteuerung mit Feineinstellung mittels Drehzahlgeber** (Ausführung der Allgemeinen Elektrizitäts-Gesellschaft). Diese Aufzugssteuerung ist in Abb. 6 in einem Stromlaufbild dargestellt, d. h. die einzelnen Kontakte eines Relais sind auseinandergezeichnet; dabei sind die Kontakte nicht im einzelnen bezeichnet, sondern nur durch Hinzufügen der Bezeichnung des betreffenden Relais (z. B. U_1), so daß also die Relaisbezeichnungen mehrmals vorkommen.

Die beiden Ständerschütze zur Speisung des Motors sind U_1 und U_2; mit ihnen in Reihe liegt das Tippschütz F, das im vorliegenden Falle aus je einer Schaltröhre für jede Phase besteht. Der Stromkreis für den Motor M ist also nur geschlossen, wenn außer einem Ständerschütz noch das Tippschütz F geschlossen ist. Bei normaler Fahrt ist das Tippschütz F durch den Hilfskontakt am Verriegelungsschütz VS dauernd eingeschaltet. — Die Schaltröhren dienen an Stelle von gewöhnlichen Schützen in bekannter Weise zur weitgehenden Vermeidung des Geräusches beim Schalten.

Hier interessiert allein die Feineinstellung, deren Stromkreise stark herausgezeichnet sind. Bei Beendigung der normalen Fahrt, also beim Ausschalten des Steuerhebels, befindet sich die Steuerung in der gezeichneten Stellung, bei welcher der Motor abgeschaltet und die Bremse eingerückt ist, mit Ausnahme des Zeigers des Kontakt-Tachometers D. Dieser steht auf dem Segment h für größere Geschwindigkeit, und dadurch bleibt während des mechanischen Abbremsvorganges die Spule der Schaltröhre Ar (Auslaufrelais) unter Strom. Der im Ruhestand geschlossene Kontakt von Ar ist also, wie auch bei der normalen Fahrt, geöffnet; dadurch ist der Bündigschalter $Bü$, wie auch bei der normalen Fahrt, zunächst noch außer Betrieb und erst dann, wenn durch die mit

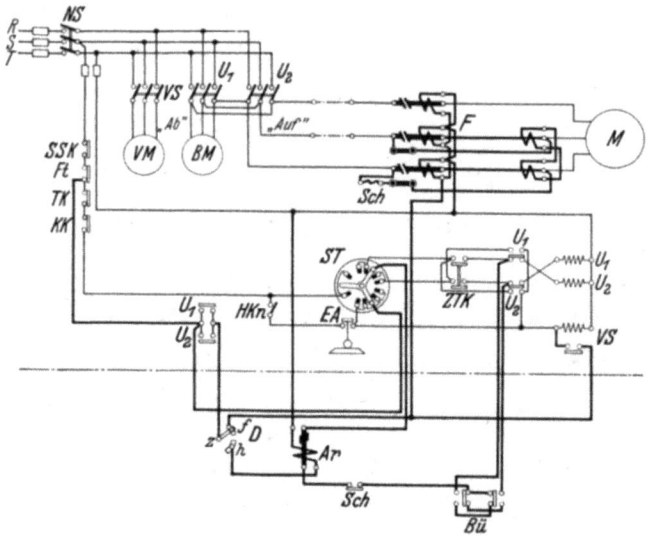

Abb. 6. Aufzugssteuerung mit Feineinstellung mittels Drehzahlgeber.

M Motor,	NS Notschalter,	ZTK Zentraltürkontakt,
BM Bremslüftmagnet,	SSK Schlaffseilkontakt,	St Steuerhebel,
EA Endschalter,	PK Türkontakt,	F Feinschaltröhren,
Ft Fangkontakt.	$U_{1,2}$ Umkehrschütze,	Ar Auslaufrelais,
HKn Halteknopf,	VM Verriegelungsmagnet,	D Drehzahlgeber,
KK Kabinenkontakt,	VS Verriegelungsschütz,	$Bü$ Bündigschalter,
	Sch Schutzschalter.	

dem Abbremsen erreichte Geschwindigkeitsverminderung der Zeiger Z von D von dem Segment h abläuft, wird die Spule von Ar stromlos, Kontakt Ar schließt sich und schließt den in üblicher Weise ausgeführten Bündigschalter $Bü$ an. Beim Auflaufen des Bündigschalters auf die Kurve vor der gewählten Haltestelle wird beispielsweise der linke Bündigschalterkontakt geschlossen und dadurch der von der Phase S über SSK und FT, dann über die links abzweigende stark gezeichnete Leitung StS, Kontakt von Ar, Sch, Ruhekontakt des rechten Bündigschalters, Arbeitskontakt des linken Bündigschalters, Hilfskontakt von U_1, Spule U_2 des Ständerschützes U_2 nach Phase T verlaufende Stromkreis geschlossen. Das Schütz U_2 schließt also seinen Stromkreis, legt dadurch den Motor und Bremslüftmagneten an Spannung, schließt gleichzeitig seinen links im stark gezeichneten Stromkreis liegenden Hilfskontakt U_2 und schafft so einen Stromweg zum Punkt Z des Kontakttachometers D. Wegen der jetzt vorhandenen niedrigen Geschwindigkeit steht der Zeiger auf dem Segment f für die geringere Geschwindigkeit, schließt also damit, wie leicht erkenntlich, den Stromkreis für das Tippschütz F. Bei der nun eintretenden Drehzählerhöhung verläßt der Zeiger den Kontakt f, wodurch das Tippschütz F und damit auch der Motor wieder abgeschaltet werden. Es bleibt aber das Ständerschütz U_2 noch eingeschaltet, damit auch der Bremslüftmagnet BM erregt und so die Bremse gelüftet. Durch die Abschaltung des Motors M wird (bei positiver Last) die Geschwindigkeit wieder herabgesetzt; der Kontakt f wird wieder eingeschaltet, der Motor läuft an, bis der Zeiger wieder von dem Kontakt f abgleitet, so daß sich also das sog. „Tippen" ergibt. In normalen Fällen, nämlich bei positiver Last und normaler Auslaufbremsung genügen jedoch zwei bis höchstens drei solcher Tippschaltungen zum Bündigstellen. Bei negativer Last erhöht sich die Geschwindigkeit trotz des Abgleitens des Zeigers von dem Kontakt f. Dann wird der Kontakt h wieder geschlossen, und dann, wenn so bei weiterer Drehzahlerhöhung der Zeiger Z das Segment hH wieder erreicht, öffnet die Schaltröhre Ar ihren Kontakt und schaltet dadurch den Bündigschalter und Ständerschütz U_2 ab. Die Bremse fällt also ein und erniedrigt wieder die Geschwindigkeit, bis beim Auftreten des Zeigers Z auf F der Motor erneute Stromimpulse erhält. An der richtigen Haltestelle öffnet dann in beiden Fällen der Bündigschalter und setzt durch Abschaltung des Motors und der Bremse den Aufzug still.

3. **Schrittwächtersteuerung der Siemens-Schuckert-Werke.** — Bei dieser Steuerung ist ein kleiner in sich kurzgeschlossener Läufer mit dem Aufzugsmotor gekuppelt, dessen Ständer gegen die Wirkung einer Feder bis zu einem Anschlag schwenkbar ist; dieser Ständer steuert in der im folgenden angegebenen Weise die Kontakte für den Motor und die Bremse. Der Läuferstrom des Schrittwächters steigt mit wachsender Drehzahl an und erzeugt daher gemeinsam mit dem Ständerfeld ein mit der Drehzahl ansteigendes Drehmoment, das den Ständer zu drehen sucht. Ein Schaltbild für diese Feineinstellung und zwar mit einem Kurzschlußläufer zeigt Abb. 7. Vorweg sei bemerkt, daß die Kontakte 8, 9 und 10 des Motorschrittwächters k nur der besseren Übersicht wegen als Schleifkontakte gezeichnet sind, während in Wirklichkeit Druckkontakte verwendet werden.

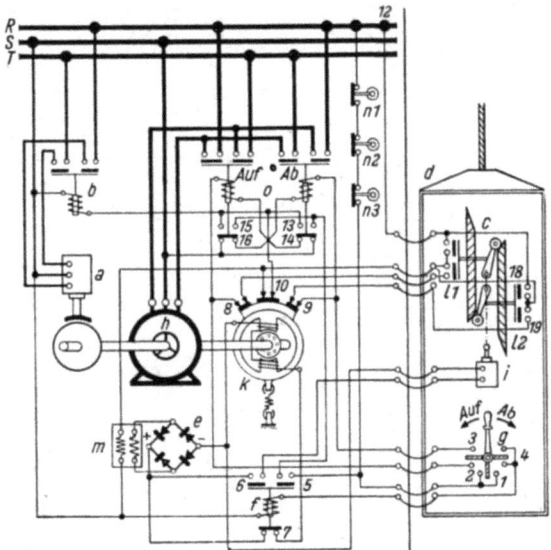

Es sei angenommen, daß der Aufzug sich in Bündigstellung befindet, und daß aufwärts zur nächsten Haltestelle gefahren werden soll. Der Hebel des Kabinenschalters g wird nach links ausgelegt. Es ergeben sich dann folgende Stromkreise:

Aus Phase R über die Türkontakte n_1, n_2, n_3 und Kontakt 1 am Kabinenschalter g nach dem Schaltstern dieses Schalters. Hier teilt sich der Strom, und zwar nach:

1. Kontakt 2 des Schalters g, Spule des „Auf"-Schützes des Umschalters o, Ruhekontakt 14 am „Ab"-Schütz, Phase S.
2. Kontakt 4 des Schalters, Spule des Hilfsschützes f, Phase S.

Das Aufwärts- und das Hilfsschütz ziehen an; durch ersteres wird der Aufzugmotor h an das Netz gelegt, während das Hilfsschütz weitere Stromkreise einschaltet, und zwar:

1. Aus Phase R über die Türkontakte $t_1 \ldots t_3$, Kontakt 5 des Hilfsschützes f, Kontakt 15 am „Auf"-Schütz, von da einerseits nach der Spule des Bremslüfterschützes b, und Phase S, andererseits über Kontakt 10 am Schrittwächter k nach der Primärwicklung des Transformators m und Phase S.

Abb. 7. SSW.-Feineinstellung für Aufzüge mit Motor-Schrittwächter. Hebelsteuerung mit Drehstrom-Kurzschlußläufer.

a Bremslüfter,
b Bremslüfterschütz,
c Bündigschalter,
d Fahrkorb,
e Trockengleichrichter,
f Hilfschütz,
g Kabinenhebelschalter,
h Aufzugsmotor,
i Rückzugsmagnet am Bündigschalter,
k Schrittwächter,
l_1, l_2 Stellkurven im Schacht für den Bündigschalter,
m Transformator,
n_1, n_2, n_3 Türkontakte,
o Umschaltschütze.

(Aus: Siemens-Zeitschrift 1935, S. 6.)

Das Schütz b schaltet den Bremslüfter a ein, gleichzeitig ist der Gleichrichter e betriebsbereit.

2. Vom + Pol des Gleichrichters e über Kontakt 6 an f nach der Spule des Rückzugsmagneten i an Bündigschalter und zurück zum — Pol. Der Rückzugsmagnet zieht die Rollenhebel am Bündigschalter in die neutrale Stellung zurück.

Der Aufzug fährt jetzt mit normaler Geschwindigkeit, bis in der Nähe der nächsten Haltestelle der Kabinenschalter in die Nullstellung gebracht wird. Sämtliche Schütze fallen ab, der Motor wird abgeschaltet und die Bremse aufgelegt. Der Aufzug kommt zum Stillstand; gleichzeitig gehen die Rollenhebel des Bündigschalters in die betriebsbereite Stellung.

Ist der Fahrkorb jetzt zu hoch gefahren, so wird sich der untere Rollenhebel am Bündigschalter auf die Stellkurve l_1 auflegen, wodurch die Kontakte 18 und 19 am Bündigschalter geschlossen werden. Es sei nun angenommen, daß sich bei dieser Fahrt nur der Führer im Fahrkorb befindet. Da die erforderliche Ausgleichfahrt unter Anheben des Gegengewichtes stattzufinden hat, ist also der Motor positiv belastet. Die Kontaktgabe am Bündigschalter hat die nachstehenden Stromverläufe zur Folge:

1. Von Phase *R* (Anschlußpunkt *12*), Kontakt *18* am Bündigschalter einesteils unmittelbar zur Primärwicklung des Transformators *m*, anderenteils über Kontakt *10* am Schrittwächter nach dem Bremslüfterschütz *b* und Phase *S*. Das Bremslüfterschütz schaltet den Bremslüfter ein, gleichzeitig wird über den Gleichrichter der Ständer des Schrittwächters *k* erregt, und zwar vom + Pol über den Ruhekontakt *7* am Hilfsschütz *f* (welches unerregt bleibt), Wicklung von *k* nach dem — Pol.

2. Von Phase *R* (Anschlußpunkt *12*), Kontakt *18* und *19* am Bündigschalter, Kontakt *9* am Schrittwächter, Spule des „Ab"-Schützes am Umschalter, Ruhekontakt *16* am „Auf"-Schütz, nach Phase *S*.

Der Aufzugsmotor beginnt anzulaufen. Gleichzeitig wird der Ständer des Schrittwächters beginnen, sich zu bewegen. Erreicht der Aufzugsmotor die am Schrittwächter eingestellte Geschwindigkeit, so bewirkt die Bewegung des Schrittwächterständers die Öffnung des Kontaktes *9*. Damit wird das „Ab"-Schütz ausgeschaltet, während sich sonst nichts ändert, die Bremse also gelüftet bleibt. Der abgeschaltete Motor beginnt in der Drehzahl abzufallen; gleichzeitig geht der Ständer des Schrittwächters in die Ruhelage zurück. Bei Eintritt einer bestimmten Mindestgeschwindigkeit schließt sich der Kontakt *9* wieder, und das „Ab"-Schütz und damit der Motor wird wieder eingeschaltet. Inzwischen bewegt sich der Aufzug langsam auf die Bündigstellung zu. Bei Erreichen derselben verläßt der untere Rollenhebel am Bündigschalter die Gleitfläche der Stellkurve l_1 und kehrt in die gezeichnete Ruhelage zurück, wobei die Kontakte *18* und *19* geöffnet werden. Damit wird sowohl das „Ab"-Schütz als auch das Bremslüfterschütz abgeschaltet, und der Aufzug kommt zum Stillstand.

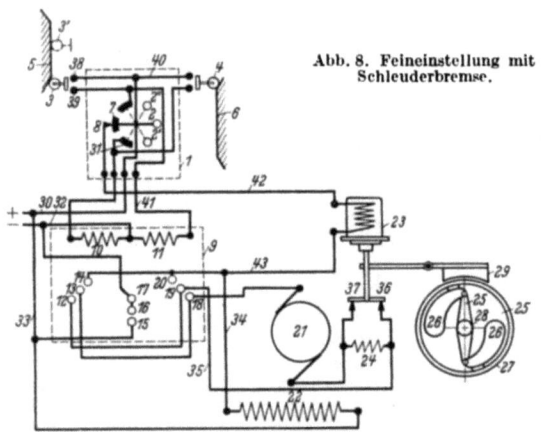

Abb. 8. Feineinstellung mit Schleuderbremse.

Befindet sich im Fahrkorb nicht nur der Führer, sondern die größte zulässige Nutzlast, so wird sich unter sonst gleichen Voraussetzungen für die beschriebene Ausgleichbewegung ein negatives Moment ergeben. Die Vorgänge spielen sich zunächst in gleicher Weise ab, wie oben beschrieben, bis zum ersten Öffnen des Kontaktes *9* am Schrittwächter. Das Abschalten des Motors führt nun nicht zu einem Drehzahlabfall, sondern zu einem Anstieg derselben. Infolge der Zunahme des Übertragungsmomentes zwischen Ständer und Läufer des Schrittwächters wird der Ständer weiter ausschlagen, als vorher, und nunmehr auch den Kontakt *10* öffnen. Damit wird jetzt auch noch das Bremslüfterschütz abgeschaltet, und die einfallende Bremse erzwingt einen Drehzahlabfall des Aufzugmotors, bis die Kontakte *9* und *10* wieder schließen und Motor und Bremslüfter wieder eingeschaltet werden, so daß das Spiel von neuem beginnen kann. Das Öffnen der Kontakte *18* und *19* führt in gleicher Weise zum endgültigen Anhalten des Aufzuges in der Bündigstellung.

Zu beachten ist, daß die vom Bündigschalter aus eingeleiteten Schaltvorgänge unter Umgehung der Türkontakte stattfinden, d. h., die Feineinstellungsbewegung kann bei offener Tür vor sich gehen, wie es nach den „Technischen Grundsätzen für den Bau von Aufzügen" Ziffer 23, Abs. 2, gestattet ist. Umgekehrt hat die Hauptsteuerung stets den Vorrang; es kann jeder Feineinstellungsvorgang sofort unterbrochen und eine normale Fahrt eingeleitet werden. Voraussetzung ist dabei nur, daß die Tür geschlossen ist, da die Hauptsteuerung nur bei geschlossenen Türkontakten möglich ist.

Bei Druckknopfsteuerung spielen sich die Schaltvorgänge innerhalb der Feineinstellung in ganz entsprechender Weise ab.

c) **Feineinstellungen unter Verwendung einer mechanischen Bremse.** — Andere Feineinstellungen benutzen eine mechanische Bremse (Haltebremse oder zusätzliche Bremse) zur Erzielung einer geringen Einfahrgeschwindigkeit. Ein Ausführungsbeispiel unter Verwendung einer zusätzlichen **Schleuderbremse** zeigt die Abb. 8[1]). *1* ist der Fahrkorb, *2* der Fahr-

---

[1] Vulkanhammer-Maschinenfabrik.

korbschalter zum Auf- und Abwärtsfahren. Wird der Schalter *2* in die Stellung *2'* bewegt so fährt der Fahrkorb nach unten, wird der Schalter dagegen in die Stellung *2"* bewegt, so fährt der Fahrkorb nach oben. *3* und *4* sind am Fahrkorb angebrachte Kontakte, zu welchen Kurven *5* und *6* gehören, die im Schacht an jedem Stockwerk angeordnet sind. Befindet sich der Fahrstuhl genau in der Höhenlage, in welcher er anhalten soll, so befinden sich die Kontakte *3* und *4* in den gezeichneten Stellungen und werden dabei von den Kurven *5* und *6* noch nicht beeinflußt, sondern nur bei einer weiteren Aufwärts- oder Abwärtsbewegung. *7,8* ist ein Kontakt im Schalter, der in seiner Nullage geschlossen ist. *9* ist der Motorumschalter, zu welchem die Spulen *10* und *11* gehören. Wird die Spule *10* erregt, so werden die Kontakte *12, 13, 14* mit den Kontakten *15, 16, 17* geschlossen; wird die Spule *11* erregt, so schließen die Kontakte *15, 16, 17* die Kontakte *18, 19, 20*, wodurch der Motor *21* nach rechts oder links läuft. *22* ist das Nebenschlußfeld des Motors, *23* ein Bremsmagnet und *24* ist ein Vorschaltwiderstand, der bei Erregung des Bremsmagneten in dem Stromkreis des Motors vorgeschaltet wird. *25* ist eine Schleuderbremse, die auf der Achse des Motors oder der Winde angebracht ist. *26* sind die Schleuderklötze, welche im Gehäuse *27* angebracht sind. Das Gehäuse *27* ist auf der Welle *28* drehbar angeordnet. *29* ist der von dem Bremselektromagneten gesteuerte Bremsklotz.

Die Wirkung ist folgende:

Wird der Schalter *2* in die Stellung *2"* bewegt, so fließt der Strom vom +Pol über die Leitung *30* nach Kontakt *31*, durch die Spule *10* des Umschaltapparates *9* über Leitung *32* zum —Pol. Die Spule *10* wird erregt und die Kontakte *15, 16, 17* mit *12, 13, 14* verbunden. Nun fließt ein Strom vom +Pol durch Leitung *33* über Spule *22*, Leitung *34* nach Kontakt *14*, Kontakt *17* zum —Pol. Das Motorfeld ist erregt. Ferner fließt ein Strom vom +Pol über Leitung *33* nach Kontakt *15*, Kontakt *12*, Kontakt *19* nach Leitung *35*, durch den kurzgeschlossenen Kontakt *36, 37* zum Anker *21*, Kontakt *18*, Kontakt *13*, Kontakt *16*, Kontakt *17* in die —Leitung. Der Motor läuft in der einen Richtung, und der Fahrkorb geht nach oben.

Die Schleuderbremse hat keinen anderen Einfluß, als daß ihre Klötze *26* sich gegen das Gehäuse *27* legen und es mitnehmen, da die Bremse *29* nicht zur Wirkung gekommen ist.

Hält nun der Fahrkorb in seiner genauen Stellung, wobei die Kontakte *4* und *3* die Gleitkurven *6* und *5* noch nicht berühren, wie dies in der Zeichnung dargestellt ist, so ist damit die Fahrt in richtiger Weise beendet. Ist aber der Kontakt *3* beispielsweise in die punktierte Lage *3'* gekommen, so werden die Kontakte *38, 39* geschlossen. Infolgedessen fließt Strom vom +Pol, Leitung *30* nach Leitung *40*, durch die Kontakte *38, 39* zur Leitung *41*, durch Spule *11* über Leitung *32* zum —Pol. Die Kontakte *15, 16, 17* und *18, 19, 20* werden nunmehr geschlossen. Der Motor *21* erhält wieder Strom, und der Fahrkorb fährt im umgekehrten Sinne. Der aber der Schalter *2* auf die Nullage gebracht war, so sind die Kontakte *7* und *8* geschlossen. Nun fließt Strom vom +Pol über Leitung *30* nach Kontakt *7, 8* über Leitung *42*, Bremsmagnet *23*, Leitung *43*, Kontakt *20*, Kontakt *17* zum —Pol. Der Bremsmagnet *23* zieht die Bremse *29* an und hält das Gehäuse *27* fest. Die Kontakte *37, 36* öffnen sich, und der Widerstand *24* wird in den Motorstromkreis geschaltet. Die Schleuderklötze *26* üben nun an dem feststehenden Gehäuse *27* ihre Reibungsarbeit aus, und die Maschine wird infolge des vorgeschalteten Widerstandes *24* sehr langsam und infolge der bekannten Wirkung der Schleuderbremse mit gleichbleibender Geschwindigkeit in die Richtung von *3'* nach *3* der Zeichnung abwärts bewegt und kommt am richtigen Punkt zur Ruhe, indem der Motorstrom durch Öffnen der Kontakte *38, 39* unterbrochen und die übliche, nicht dargestellte Haltebremse einfällt.

Ganz entsprechend vollzieht sich der Vorgang auf der anderen Seite mit der Leitungsschiene *6* und dem Kontakt *4*, wenn der Fahrkorb zu tief gefahren ist.

In den Feineinstellungen mit ausschlaggebender Benutzung der Bremse gehört ferner ein von der Allgemeinen Elektrizitäts-Gesellschaft entwickeltes Universalsteuergerät, das diese Firma als **Umkehrbremsregler** bezeichnet. Dieses Gerät erfüllt die drei Aufgaben der Motorumkehrsteuerung, der Bremslüftung und der Feinregelung in einfacher Weise. Der Umkehrbremsregler, der in Abb. 9 und 10 dargestellt ist, besitzt einen Steuermotor *b* zum Steuern der verschiedenen Kontakte. Der Steuermotor ist als Sonderbauart eines Käfigläufermotors ausgebildet, dessen Ständer mit der Welle des Aufzugsmotors gekuppelt ist und also mit diesem umläuft; der Strom wird dem Ständer durch drei Schleifringe *p* zugeführt. Der Käfigläufer ist als Außenläufer ausgebildet; er wird durch Rückzugfedern in der Ruhestellung festgehalten, dagegen bei Einschaltung der Steuermotor-Ständerwicklung nach rechts oder nach links um etwa 90° gedreht und dann an dem Nocken *e* von einem Anschlag *n* festgehalten. Der Läufer ist mit Kugellagern auf dem Lagerbock *o* der Ständerwelle gelagert. Auf der zylindrischen Außenseite des Läufers ist außer dem bereits erwähnten Nocken *e* noch die Nockenkurve *h* angebracht;

die beiden Nockenkurven *e* und *h* steuern die Rollenhebel *l* und *q*, von denen der eine (*l*) zur Umkehrsteuerung des Motors, der andere (*q*) zum Lüften der Bremse dient. Die Ständerwicklung des Steuermotors wird nach Betätigung des Druckknopfes oder des Steuerhebels durch eines der beiden Umkehr-Steuerschütze *g* eingeschaltet, wobei das eine Steuerschütz in bekannter Weise die Aufwärtsfahrt und das andere die Abwärtsfahrt einleitet. Hierdurch dreht sich der Außenläufer aus der Ruhestellung nach der entsprechenden Seite. Das zum Ansprechen gebrachte Steuerschütz kuppelt in nicht näher dargestellter Weise den Rollenhebel *l* mit demjenigen Nockenschalter *f*, der den Aufzugsmotor im Sinne der eingestellten Fahrtrichtung einschaltet. — Zum

Abb. 9.

Lüften der mechanischen Bremse dient der Rollenhebel *q*. Die Rolle dieses Hebels läuft auf der zweiten Nockenkurve *e* am Läuferzylinder auf und hebt bei Drehung des Läufers den Bremshebel *q* an, wodurch die Bremsbacken *d* der Federbremse gelüftet werden. Die beiden Nockenkurven sind derart eingestellt, daß der Motor bei noch schleifender Bremse eingeschaltet wird, so daß der Anlauf besonders sanft vor sich geht. Beim Weiterdrehen des Außenläufers wird die Bremse voll gelüftet. Zwecks Beendigung der Fahrt wird die Spule des betreffenden Steuerschützes und damit der Steuermotor ausgeschaltet. Die Kontakte *f* schalten den Aufzugsmotor an, und der Läufer kehrt in die Ruhestellung zurück, wobei sich auch die Bremse schließt.

Dieser Umkehrbremsregler führt gleichzeitig eine Feinregelung dadurch herbei, daß die Bremse nach dem Ausschalten in einer bestimmten Abhängigkeit von der Motorgeschwindigkeit zum Schleifen gebracht wird, und zwar dadurch, daß nach dem Ausschalten des Motors — durch den Steuerhebel oder den Stockwerksschalter — mittels eines Umschaltrelais die Ständerwicklung des Steuermotors umgepolt wird. Während bei der normalen Fahrt das Drehmoment des Steuermotors bei steigender

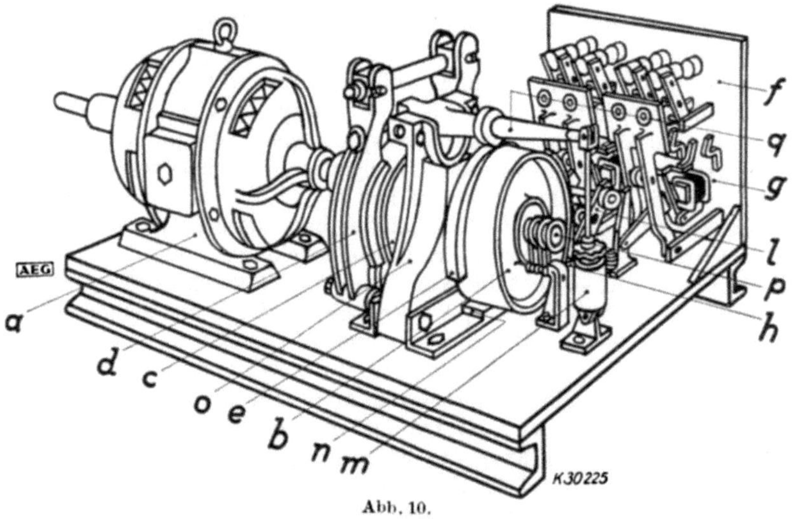

Abb. 10. AEG-Umkehrbremsregler. (Aus: Fördertechnik und Frachtverkehr 1934, Heft 3/4.)

a Aufzugsmotor,	*d* Bremsbacken,	*g* Umkehr-Steuerschütz,	*n* Anschlag,
b Steuermotor,	*e, h* Nockenkurven,	*l, q* Rollenhebel,	*o* Lagerbock,
c Bremstrommel,	*f* Schalter,	*m* Dämpfungszylinder,	*p* Schleifringe.

Windendrehzahl nicht nur voll erhalten bleibt, sondern sogar noch etwas zunimmt, wird bei der Feinregelung infolge der Umpolung das Drehmoment des Steuermotors mit zunehmender Drehzahl geschwächt. Dieses gegensätzliche Verhalten ist dadurch begründet, daß der Schlupf des Steuermotors und damit die Lüftkraft der Bremse bei Einschaltung seines Drehfeldes in einem zur Drehrichtung des Aufzugsmotors entgegengesetzten Sinne, also bei normaler Fahrt, bei dessen Hochlauf zunimmt, dagegen bei gleichsinniger Einschaltung, also bei der Feineinstellungsfahrt, abnimmt. Die Bremse wird, wie gesagt, so eingestellt, daß sie bei der Feineinstellung nicht voll lüftet, sondern daß sie schleift. Will die Geschwindigkeit des Aufzugsmotors größer werden, so wird die Bremse selbsttätig fester angezogen, wobei sie jedoch immer noch schleift. Sinkt dagegen die Geschwindigkeit unter einen bestimmten Wert, so wird die Bremse gelockert. Hierdurch läßt sich praktisch eine geringe, ziemlich gleichbleibende Einfahrgeschwindigkeit von etwa 15 bis 17% der normalen Geschwindigkeit erzielen. Beim Erreichen der Bündigstellung werden der Aufzugsmotor und der Steuermotor durch den Bündigschalter ganz angeschaltet. Der Steuermotor kann also kein Drehmoment mehr ausüben, so daß die Bremse durch die Bremsfelder fest angezogen wird und die Haltebremse wirkt.

Die Abb. 11 zeigt ein vollständiges Schaltbild eines Aufzuges der Allgemeinen Elektrizitäts-Gesellschaft mit dem beschriebenen Umkehrbremsregler, in Anwendung auf Schleifringmotoren.

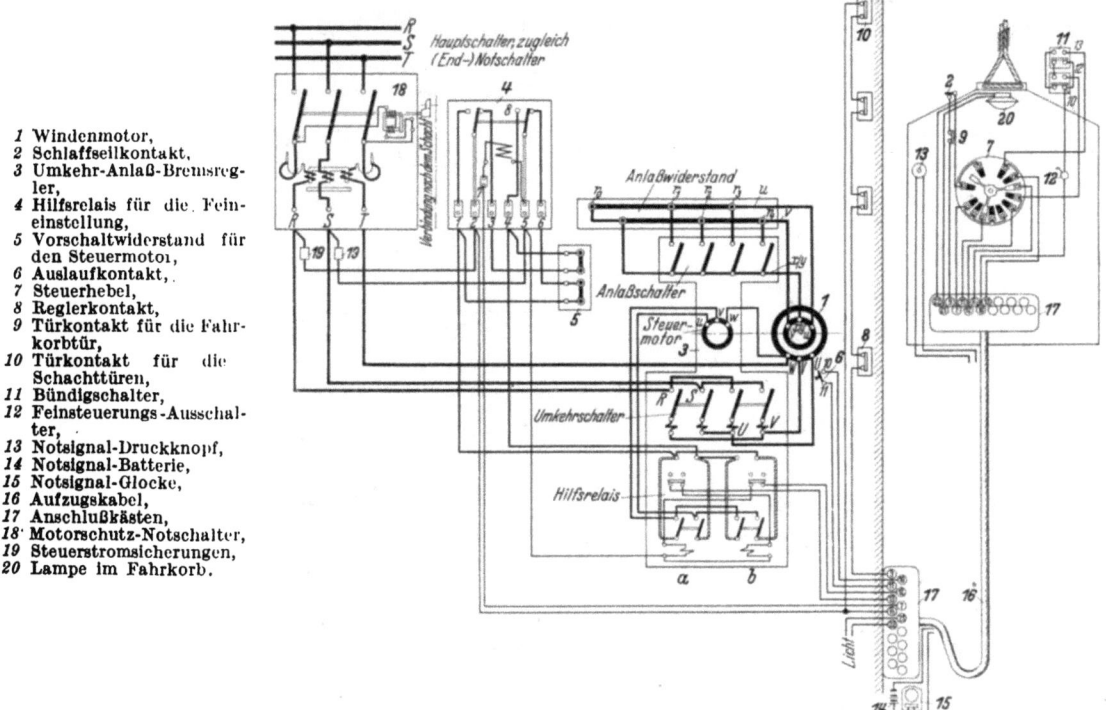

1 Windenmotor,
2 Schlaffseilkontakt,
3 Umkehr-Anlaß-Bremsregler,
4 Hilfsrelais für die Feineinstellung,
5 Vorschaltwiderstand für den Steuermotor,
6 Auslaufkontakt,
7 Steuerhebel,
8 Reglerkontakt,
9 Türkontakt für die Fahrkorbtür,
10 Türkontakt für die Schachttüren,
11 Bündigschalter,
12 Feinsteuerungs-Ausschalter,
13 Notsignal-Druckknopf,
14 Notsignal-Batterie,
15 Notsignal-Glocke,
16 Aufzugskabel,
17 Anschlußkästen,
18 Motorschutz-Notschalter,
19 Steuerstromsicherungen,
20 Lampe im Fahrkorb.

Abb. 11. Hebelsteuerung für Aufzüge mit Drehstromantrieb mit AEG.-Umkehr-Bremsregler.

Hierbei wird vom Steuermotor außer dem Lüften und Regeln der Bremse und dem Einschalten des Ständers auch noch das selbsttätige Kurzschließen des Läuferanlaßwiderstandes bewirkt. Dabei dient das Hilfsrelais 4 zum Umpolen des Steuermotors bei der durch den Bündigschalter gesteuerten Feinfahrt, wie es vorstehend beschrieben ist.

d) Polumschaltbarer Motor. — In den letzten Jahren ist man im Aufzugsbau vielfach dazu übergegangen, den

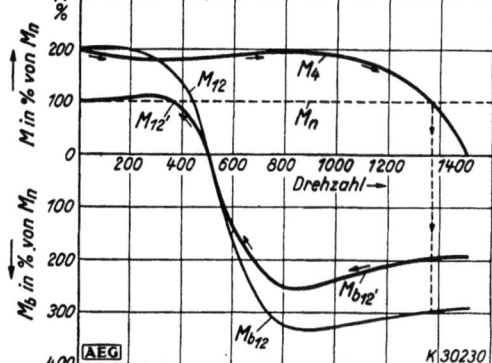

Abb. 12. Käfigläufer eines Doppelnut-Aufzugsmotors (Aus: „Fördertechnik und Frachtverkehr" 1934, Heft 3/4).

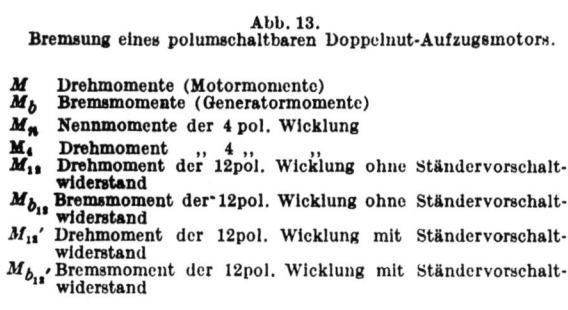

Abb. 13. Bremsung eines polumschaltbaren Doppelnut-Aufzugsmotors.

M Drehmomente (Motormomente)
M_b Bremsmomente (Generatormomente)
M_n Nennmomente der 4 pol. Wicklung
M_4 Drehmoment „ 4 „ „
M_{12} Drehmoment der 12pol. Wicklung ohne Ständervorschaltwiderstand
$M_{b_{12}}$ Bremsmoment der 12pol. Wicklung ohne Ständervorschaltwiderstand
M_{12}' Drehmoment der 12pol. Wicklung mit Ständervorschaltwiderstand
$M_{b_{12}}'$ Bremsmoment der 12pol. Wicklung mit Ständervorschaltwiderstand

(Aus: „Fördertechnik und Frachtverkehr", 1934, Heft 3/4.)

Motor selbst für zwei Geschwindigkeiten zu bauen, von denen die eine als niedrige Einfahrgeschwindigkeit dient. Als ein geeigneter Aufzugsmotor dieser Art hat sich der polumschaltbare Doppelnutmotor für Drehstrom erwiesen, der bei einem Doppelkäfigläufer versehen ist. Bei diesen nach dem sog. Stromverdrängungsprinzip arbeitenden Doppelnut- oder Doppelstab-

10 Regelung der Fahrgeschwindigkeit; Feineinstellungen.

motoren ist ein zweifaches Einschaltmoment gegenüber dem bei normaler Drehzahl vorhandenen Moment bei nur dreifachem Einschaltstrom in der Ständerwicklung gegenüber dem Nennstrom, erreicht worden. Das erreichbare Übersetzungsverhältnis beträgt 1 : 2 bis 1 : 6, im Mittel 1 : 3. — Die Abb. 12 zeigt einen Käfigläufer eines AEG-Doppelnutaufzugsmotors in einer Ansicht und einem Querschnitt, während Abb. 13 die charakteristischen Kurven für die Drehmomente eines solchen Motors zeigt. — Die erzielbare Herabsetzung auf etwa $1/3$ der normalen Geschwindigkeit genügt für die meisten Fälle, so daß also durch die Verwendung dieser Motorsonderbauart besondere Feineinstellungsmotoren und Getriebe erspart werden. — Die Abb. 14

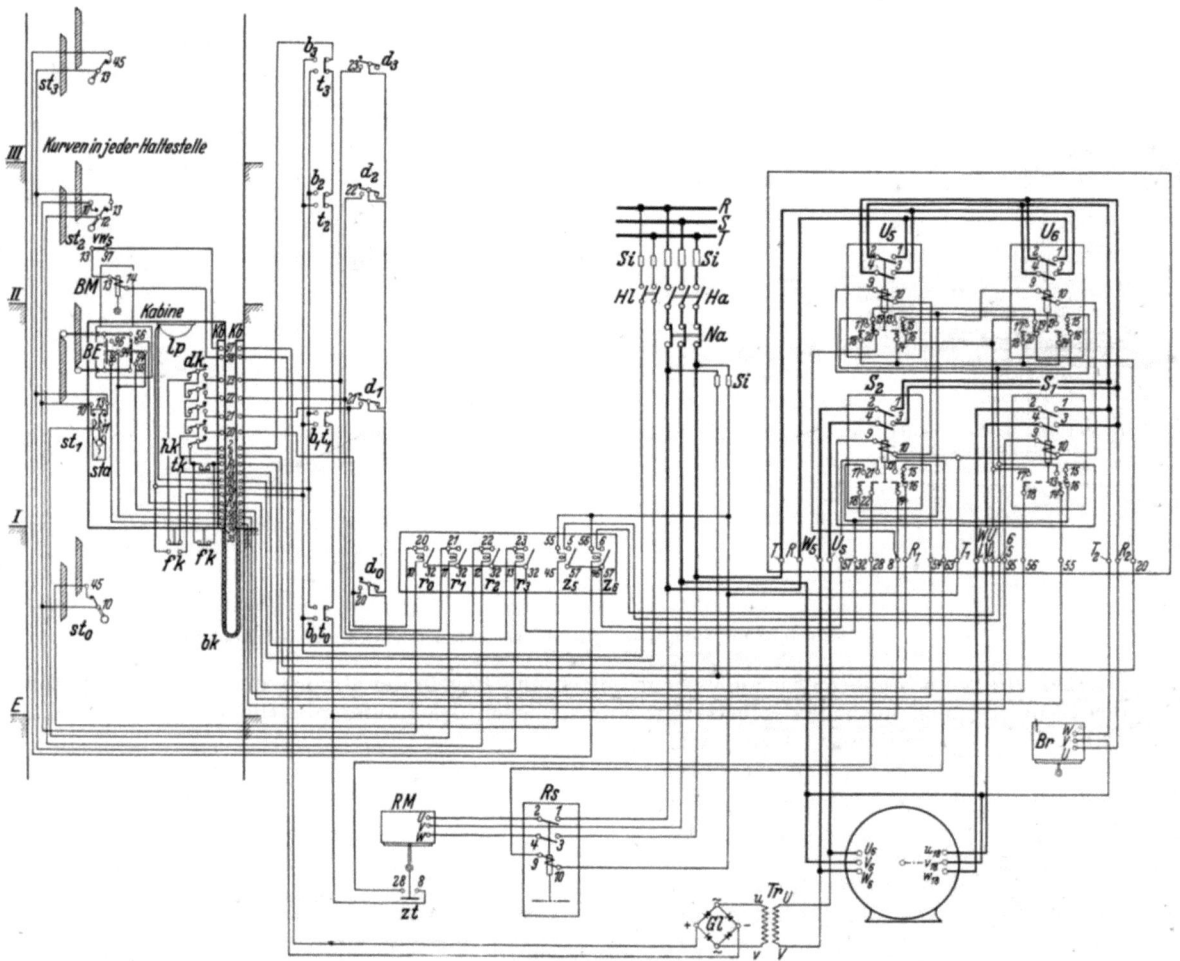

Abb. 14. Druckknopfsteuerung der S.S.W. mit Feineinstellung, polumschaltbarem Motor, Stockwerksschaltern und Zentraltürverriegelung.

U_{5-6} Umkehrschütze [1],	z_{5-6} Zwischenrelais,	st_{0-3} Stockwerksschalter,
S_1 Schütz für Langsam,	Rs Riegelschütz,	sta Stellapparat,
S_2 Schütz für Schnell,	RM Riegelmagnet,	BE Bündigschalter,
Ha Hauptschalter,	Br Bremslüfter,	$Vw_{5,8}$ Vorwiderstände (nach Bedarf),
Hl Schalter für Licht,	BM Rückzugmagnet für Bündigschalter,	
Si Sicherungen,		lp Lampe,
Na Notschalter,	Tr Transformator,	Kb Klemmbrett,
S_{0-3} Stockwerksrelais,	Gl Gleichrichter,	bk biegsames Kabel,

dk Druckknöpfe in der Kabine,	
tk Türkontakt in der Kabine	
fk Fußbodenkontakte,	
b_{0-3} Beleuchtungskontakte,	
t_{0-3} Türkontakte,	
d_{0-3} Druckknöpfe,	
Zt Zentraltürkontakt.	

[1] An den Schützen $U 5$ und $U 6$ sind die Kontakte so einzustellen, daß die Ruhekontakte 19/20 erst öffnen, wenn die Kontakte 13/14 und 17/18 geschlossen sind.

zeigt ein vollständiges Schaltbild eines Aufzuges mit Feineinstellung mit einem polumschaltbaren Drehstrom-Doppelstabmotor der Siemens-Schuckert-Werke.

Abb. 15 zeigt ein vollständiges Schaltbild einer Feineinstellung mit polumschaltbarem Motor nach einer Ausführungsform der Otis-Aufzugswerke. Diese Steuerung soll die Feinsteuerung mit einem Hilfsmotor, etwa nach Abb. 135 bis 137 auf S. 121 und 122 des Buches (von den Otis-Aufzugswerken als „Mikrosteuerung" bezeichnet) nicht ersetzen, da die letztere für die höhere Geschwindigkeiten bestimmt ist.

Zur Erläuterung der Wirkungsweise ist im folgenden eine Aufwärtsfahrt beschrieben:

Sobald der Kabinenschalter auf die erste Schaltstellung auf Aufwärtsfahrt gestellt wird, fließt ein Strom von Leitung *39* ausgehend über den Geschwindigkeitsreglerkontakt, den ersten Kontakt des Sicherheitsschalters (Notschalters), den Fangkontakt, den gegebenenfalls vorhandenen Kabinentürkontakt und die Schachttürkontakte nach dem Kabinenschalter. Von dort fließt der Strom über die Leitung *15*, den Auf-Grenzschalter, die unteren Kontakte von *B'* und *B*, die Umschalterspule *A*, den Widerstand *AR4*, den Kontakt des Umschaltersperrmagneten *AB'* und den zweiten Kontakt des Sicherheitsschalters nach Leitung *61*. Der Widerstand *AR4* ist so eingestellt, daß die Umschalterspule *A* nicht anziehen kann, solange er der Spule vorgeschaltet ist. Wird jetzt der Kabinenschalter bis in seine Endstellung bewegt, so fließt außerdem von Leitung *66* ausgehend noch ein Strom über Leitung *11*, den Auf-Verzögerungs-Grenzschalter, den unteren Kontakt des Umschalters *B* und die Spule des Hilfsgeschwindigkeitsmagneten *C* nach Leitung 61. Dieser Magnet *C* sperrt zunächst die beiden Zuleitungen für den Umschalter

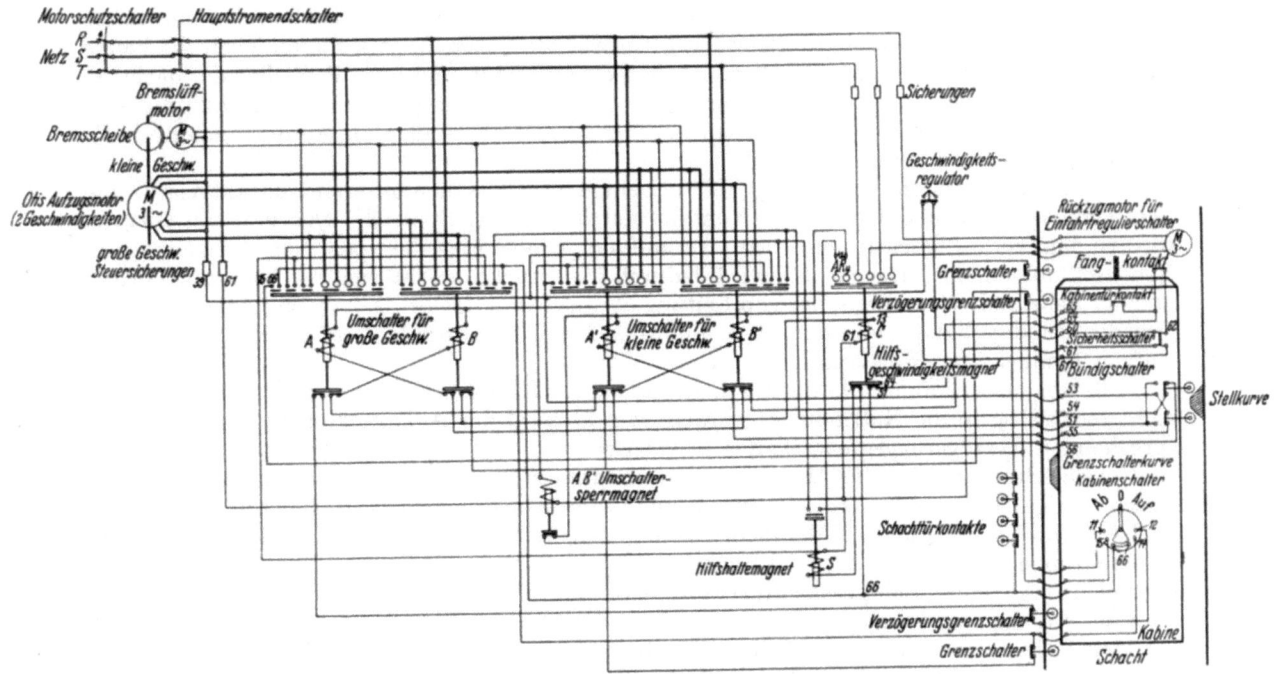

Abb. 15. Feineinstellung der Otis-Aufzugswerke mit polumschaltbarem Motor.

der kleinen Geschwindigkeit *A'* und *B'*, indem die Leitung zwischen *64* und *51* und die zwischen *66* und der Spule *S* unterbrochen wird. Gleichzeitig überbrückt er den Widerstand *AR4*, so daß jetzt auch der Umschalter *A* arbeitet.

Der Magnet *C* schließt ferner den Strom für den Rückzugsmotor auf der Kabine, wodurch dieser die Rollenarme des Bündigschalters (Einfahrtregulierschalters) zurückzieht und außerdem die Leitungen *53* und *55* sowie *54* und *56* unterbricht.

Der Schalter *A* schaltet nicht nur den Aufzugsmotor ein, sondern gleichzeitig mittels Hilfskontakten auch die Bremse. Er stellt auch außerdem eine Verbindung zwischen Leitung *66* und *15* parallel zum Kabinenschalterkontakt her, so daß ein Selbsthaltestromkreis für die Spule *A* entsteht. Ein weiterer Hilfskontakt an dem Umschalter bereitet die Zuleitung für die kleine Geschwindigkeit vor, indem er eine Verbindung zwischen Leitung *53* und der Spule *S* herstellt.

Während dieses Vorganges fährt der Aufzug mit der hohen Geschwindigkeit in Aufwärtsrichtung. Will der Aufzugsführer anhalten, so muß er rechtzeitig den Kabinenschalter um eine oder beide Schaltstellungen zurückdrehen. Da durch den Hilfskontakt des Umschalters eine Verbindung zwischen Leitung *66* und *15* besteht, hat dieses Zurückstellen des Kabinenschalters auf den Umschalter keinen Einfluß. Der Magnet *C* wird jedoch stromlos und fällt in seine Ruhelage zurück. Dadurch wird der Widerstand *AR4* vor die Umschalterspule geschaltet. Dieser ist so bemessen, daß der Umschalter, nachdem er einmal eingeschaltet ist, weiter eingeschaltet bleibt. Außerdem schließen sich jetzt die beiden Kontakte *C* in den Zuleitungen für die Umschalter der kleinen Geschwindigkeit. Durch das Stromloswerden des Magneten C wird auch der Rückzugsmotor stromlos, die Rollenarme des Bündigschalters fallen in die Bereitschaftsstellung zurück und schließen dadurch die Kontakte der Leitungen 53 und 55, sowie 54 und 56.

Jetzt kann von Leitung 66 abzweigend ein Strom fließen über den unteren Kontakt von C, die Spule S, den zugehörigen oberen Hilfskontakt von A nach Leitung 53, von dort nach 55 und über den unteren Kontakt von B' nach Spule A'. Durch den Schalter A' wird jetzt die Wicklung der kleinen Motorgeschwindigkeit eingeschaltet. Außerdem wird durch zwei Hilfskontakte, an A', die sich parallel zu dem noch geschlossenen Hilfskontakt des Umschalters A schalten, der Bremsmotor eingeschaltet gehalten. Gleichzeitig zweigt jetzt hinter der Spule S ein Strom ab, der über die Kontakte S und A' nach Leitung 53 fließt. Durch einen weiteren Kontakt von A' wird nun zuletzt die Spule AB' eingeschaltet. Dadurch wird die Zuleitung zur Umschalterspule der großen Geschwindigkeit von Leitung 61' unterbrochen und die große Geschwindigkeit somit abgetrennt. Für den Schalter A' besteht jetzt ein Selbsthaltestromkreis, der über die Spule S und Kontakt A' führt.

Nachdem während des Übergangs von der großen zur kleinen Geschwindigkeit nur ganz kurze Zeit die beiden Motorwicklungen gleichzeitig eingeschaltet waren, ist jetzt nur noch die kleine Geschwindigkeit unter Strom. Der Aufzug verzögert sich jetzt, und beim Erreichen der nächsten Haltestelle läuft der Rollenarm des Bündigschalters auf die entsprechende Gleitbahn auf und stellt somit eine Verbindung her zwischen Leitung 51 und 53. Außerdem werden auch noch die Leitungen 54 und 56 unterbrochen.

Jetzt fließt ein Strom von Leitung 64 über einen geschlossenen unteren Kontakt von C, die Leitungen 51, 53, 55 und den unteren Kontakt von B' nach der Spule A'. Durch diesen Vorgang wird zu dem vorher beschriebenen Stromverlauf, der von 66 über die Spule S nach 53 fließt, ein Nebenschluß gebildet. Die Spule S wird dadurch überbrückt, so daß sich der Kontakt S öffnet und der Selbsthaltestromkreis, der von Leitung 66 ausgeht, aufgelöst ist. Wenn jetzt der Rollenarm des Bündigschalters von der Gleitbahn abläuft, wird die Spule A' ausgeschaltet, und der Aufzug kommt zum Stillstand.

Falls vor dem Einfahren in die Endhaltestellen der Kabinenschalter von dem Aufzugführer nicht rechtzeitig in die Nullstellung gebracht wurde, wird der Anhaltevorgang durch den entsprechenden Verzögerungsgrenzschalter eingeleitet.

Normalerweise erfolgt die Abschaltung des Schalters A oder B des Umschalters für große Geschwindigkeit dadurch, daß sich der Kontakt des Umschalter-Sperrmagneten AB' öffnet, nachdem die Umschaltung auf die kleine Geschwindigkeit erfolgt ist. Wenn jedoch aus irgendeinem Grunde diese Abschaltung des Schalters A oder B in den Endhaltestellen überhaupt nicht oder nicht zur rechten Zeit geschieht, tritt der zugehörige Grenzschalter in Tätigkeit. Hierdurch wird der Aufzug von der großen Geschwindigkeit direkt abgeschaltet und ohne Überleitung auf die kleine Geschwindigkeit zum Stillstand gebracht.

Nach dem Abschalten des Kabinenschalters bzw. nach dem Öffnen des Verzögerungsgrenzschalters wickeln sich die Verzögerung und das genaue Stillsetzen des Aufzuges selbsttätig ab, und zwar wird von der hohen Geschwindigkeit über einen Verzögerungswiderstand die niedrige Geschwindigkeit eingeschaltet. Die Bremse bleibt dabei geöffnet, so daß die Verzögerung allein durch elektro-dynamische Bremsung durchgeführt wird. Ist die Verzögerung erfolgt, so fährt der Aufzug mit der niedrigen Geschwindigkeit bis in die Haltestelle, wo das genaue Halten durch den Bündigschalter erfolgt, der die Lage des Fahrkorbs im Schacht abtastet und ihn dann stillsetzt. Die Türen können in üblicher Weise bereits 16 cm vor der Haltestelle geöffnet werden.

Damit der Übergang von der großen zur kleinen Geschwindigkeit bei allen Belastungen möglichst sanft bei möglichst kurzem Verzögerungsweg erfolgt, wird eine zusätzliche Schwungmasse auf dem zweiten Wellenstumpf des Antriebsmotors angeordnet.

e) **Kaskadenschaltung.** — Bei der von der Firma Schindler Aufzügefabrik angewendeten Kaskadenschaltung (Abb. 16) sitzen zwei Drehstrommotoren M und M_1 auf derselben Welle. Der mit einem Kurzschlußläufer versehene Hintermotor M_1 ist mit dem mit einem Schleifringläufer versehenen Vordermotor M in Kaskade geschaltet, d. h. die Läuferwicklung des Vordermotors ist mit der Ständerwicklung des Hintermotors verbunden; der Hintermotor ist in Stern geschaltet. Bei normaler Fahrt ist der Schalter S geschlossen, so daß der Hintermotor M_1 und der Anlaßwiderstand AW in der aus dem Schaltungsschema nach Abb. 16 ersichtlichen Weise

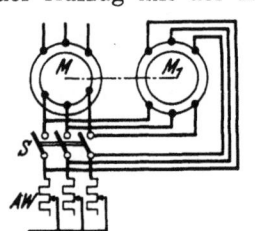

Abb. 16. Kaskadenschaltung der Firma Schindler.
M Vordermotor,
M_1 Hintermotor,
S Umschalter,
AW Anlasserwiderstand.
(Aus: „Schweizer Bauzeitung" 1933, Nr. 21.)

kurzgeschlossen sind; der Hauptmotor M übernimmt die Hubleistung allein. Bei der Einfahrt in die Haltestelle wird der Schalter S geöffnet, so daß die Kaskadenschaltung zur Wirkung kommt. Die Drehzahl des Motoraggregats während der Kaskadenschaltung bestimmt sich nach der Formel:

$$n_k = \frac{p}{p + p_1} \cdot n,$$

wobei bedeuten:

n = Drehzahl des Vordermotors (entsprechend der normalen Geschwindigkeit),
n_k = Drehzahl bei Kaskadenschaltung (entsprechend der Einfahrgeschwindigkeit),
p = Polzahl des Vordermotors,
p_1 = Polzahl des Hintermotors.

Der Anlasser AW dient nicht nur zum Anlassen des Hauptmotors M, sondern auch zur Erzielung eines sanften Überganges bei der Einschaltung des Hintermotors M_1. — Die erreichbare niedrige Einfahrgeschwindigkeit beträgt $\frac{1}{4}$ bis $\frac{1}{7}$ der normalen Geschwindigkeit.

f) **Leonardschaltung mit Dämpfungsmaschine.** — Eine weitere zweckmäßige Bauart eines Feineinstellungsantriebes stellt die stufenlose Leonardsteuerung mit Dämpfungsmaschine für Aufzüge dar. Abb. 17 zeigt eine Ausführung der Allgemeinen Elektrizitäts-Gesellschaft in verschiedenen Schaltbildern und einem Diagramm. Zur Erläuterung sei folgendes bemerkt: Während man früher zum Erregen des Feldes des Leonard-Generators den Feldvorschaltwiderstand durch einen vielstufigen Kontaktapparat regelte, wird dieser bei der stufenlosen Leonardschaltung selbsttätig durch eine kleine Nebenschlußmaschine, die Dämpfungsmaschine, ersetzt, deren Anker parallel zum Feld des Leonardgenerators geschaltet ist. Auf dem Wellenstumpf der Dämpfungsmaschine sitzt eine Schwungscheibe, deren Schwungmoment nach der gewünschten Beschleunigungszeit bemessen ist. Beim Hochlauf beschleunigt der Anker der Dämpfungsmaschine die Schwungscheibe, beim Verzögern

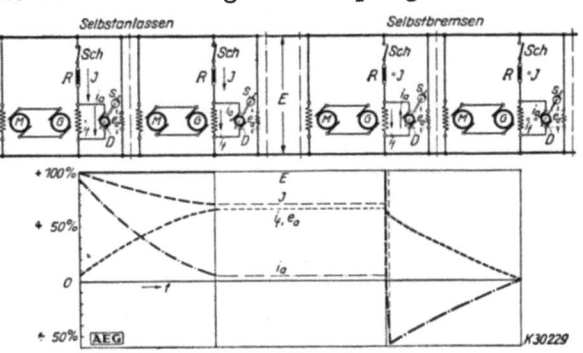

Abb. 17. Wirkungsweise der Dämpfungsmaschine bei der stufenlosen Leonardsteuerung.

M Arbeitsmotor,
G Leonardgenerator,
D Dämpfungsmaschine,
S Schwungmasse,
R Feldvorschaltwiderstand,
Sch Schalter,

E Erregerspannung,
J Gesamtstrom im Erregerkreis,
i_f Feldstrom des Leonardgenerators,
i_a Ankerstrom der Dämpfungsmaschine,
e_a Klemmenspannung der Dämpfungsmaschine.

(Aus: „Fördertechnik und Frachtverkehr" 1934, Heft 3/4.)

arbeitet die Dämpfungsmaschine als Generator, der von der Schwungscheibe angetrieben wird. Das Selbstanlassen geht, wie Abb. 17 links zeigt in der Weise vor sich, daß der Strom J im Augenblick des Einschaltens des Generatorfeldes durch den Schalter Sch nicht durch das Feld, sondern durch den parallel zum Feld geschalteten Anker D der Dämpfungsmaschine geht. Mit zunehmender Drehzahl entwickelt sich eine immer stärker anwachsende Spannung am Anker der Dämpfungsmaschine, so daß immer weniger Strom i_a durch den Anker und immer mehr Strom i_f durch das Feld geht. Die Stromkurven sind aus Abb. 17 ersichtlich. Sobald der Strom der Dämpfungsmaschine i_a auf seinen Leerlaufwert gesunken ist, ist die Beharrungsgeschwindigkeit des Aufzugsmotors erreicht. Das Selbstbremsen zum Zwecke der Verzögerung ist in Abb. 17 rechts dargestellt. Der Schalter Sch wird geöffnet ($J=0$), und nun kehrt sich in dem von der Schwungscheibe angetriebenen Anker der Dämpfungsmaschine der Strom i_a um und führt dem Feld einen allmählich abklingenden Strom i_f zu, bis die Dämpfungsmaschine zum Stillstand gekommen ist.

Da die Beschleunigung und Bremsung stufenlos vor sich gehen, werden sie in kürzester Zeit ausgeführt. Abb. 18 zeigt in dem oberen Bild gestrichelt die mit einem 10stufigen Kontaktapparat in der bisher üblichen Weise erreichbare Beschleunigung und in der stark gezeichneten Kurve die stufenlose Beschleunigung mit einer Dämpfungsmaschine. Die Beschleunigungszeit ist durch die Dämpfungsmaschine auf etwa die Hälfte verkürzt; trotzdem geht die Beschleunigung, wie sich aus dem unteren Teil der Abb. 18 ergibt, ganz weich vor sich, da die Stromspitzen des 10stufigen Beschleunigungsvorganges infolge der Stetigkeit der stufenlosen Beschleunigung völlig vermieden sind.

Abb. 19 zeigt die Dämpfungsmaschine für einen Personenaufzug von 750 kg und 1,5 m/sec Geschwindigkeit in einem Bürohaus, bei dem mit einem Motor von 25 PS und 950 U/min mit

0,6 m/sec² in 2,5 sec auf volle Geschwindigkeit beschleunigt und mit 1,0 m/sec² in 1,5 sec wieder auf Null abgebremst wird. Bei der Fahrt von Haltestelle zu Haltestelle (3,5 m) wird die volle Geschwindigkeit von 1,5 m/sec als Spitzengeschwindigkeit erreicht. Da keine Verluste in den Anlaßwiderständen auftreten und die Beschleunigungsenergie beim Bremsen zum Teil wiedergewonnen wird, so ist bei Leonard-Steuerung die unvollkommene Ausnutzung der vollen Geschwindigkeit bei kürzeren Fahrwegen nicht unwirtschaftlich, wie dies bei einfachen Käfigläufermotoren oft der Fall sein würde.

Die elektrische Bremsung wirkt bei der stufenlosen Leonardsteuerung bis zum Stillstand des Motors, so daß die mechanische Bremse stoßfrei einfällt und nur als Haltebremse dient, wobei sie also verschleißlos arbeitet. Es sei noch

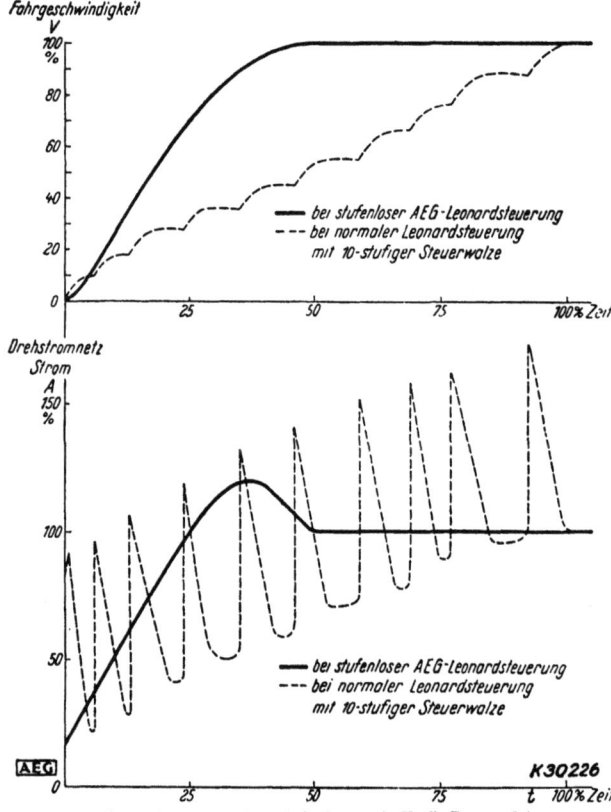

Abb. 18. Betriebskurven der stufenlosen A. E. G.-Leonardsteuerung. (Aus: „Fördertechnik u. Frachtverkehr" 1934, Heft 3/4.)

Abb. 19. Dämpfungsmaschine. (Aus „Fördertechnik u. Frachtverkehr" 1934, Heft 3/4.)

darauf hingewiesen, daß die für den jeweiligen Betriebsfall passende Beschleunigung und Bremsung durch entsprechende Bemessung der Schwungscheibe der Dämpfungsmaschine erzielt und die Bremsung mittels der elektrischen Schaltung unabhängig von der Beschleunigung eingestellt werden kann.

Mit dieser Steuerung läßt sich eine Feinfahrgeschwindigkeit von $1/_{20}$ der normalen Geschwindigkeit erreichen; sie kommt wegen der höheren Anschaffungskosten vor allem für schnellaufende Aufzüge von großen Förderleistungen in Frage.

g) Wahl der Feineinstellungsart. — Einen guten Anhalt zur Beantwortung der Frage, welche Arten des Motors, der Steuerung

Übersicht über die Motor- und Feineinstellungsarten.

Art der Aufzüge	Tragkraft kg	Leistung PS	Geschwindigkeit m/s	Motorart	Feineinstellungsart
Kleinlastenaufzüge	20—150	0,3—2	0,2—0,6	1a	—
Lasten- u. Personenaufzüge . .	150—10000	2—15	0,2—0,4	3	5[1]
			0,4—0,8	1b	6
			0,8—1,0	2	7
			15—60	0,2—1,0	2	7
Bürohaus-, Warenhaus- und Hochhausaufzüge . . . . (über 90 Fahrten/h)	450—1500	15—40	1,0—1,5 u. höher	4	8

Erläuterung:
I. Motorarten.
1a = Kurzschlußläufer oder Doppelnutaufzugsmotor mit einer Drehzahl,
1b = Doppelnut-Aufzugsmotor mit einer Drehzahl,
2 = Schleifringläufermotor mit einer Drehzahl,
3 = Doppelnut-Aufzugsmotor mit zwei Drehzahlen,
4 = Gleichstrom-Nebenschlußmotor für stufenlose Leonardsteuerung.

II. Feineinstellungsarten.
5 = kleine Geschwindigkeit durch niedere Drehzahl von Motorart 3,
6 = kleine Geschwindigkeit durch Umkehr-Bremsregler,
7 = kleine Geschwindigkeit durch Umkehr-Anlaß-Bremsregler,
8 = kleine Geschwindigkeit durch stufenlose Leonardsteuerung.

(Aus: „Fördertechnik und Frachtverkehr 1934, Heft 3/4.)

und der Feineinstellung für die verschiedenen Förderleistungen und Geschwindigkeiten in Frage kommen, gibt die Zusammenstellung (S. 14, unten) der Allgemeinen Elektrizitäts-Gesellschaft.

Die Feineinstellungen mit einem Schrittwächter entsprechen in dieser Zusammenstellung etwa den hier angegebenen Feineinstellungsarten 7 und 8. — Die Firma Flohr empfiehlt für Geschwindigkeiten bis zu 1 m/sec Feineinstellungen mit polumschaltbarem Motor, für Geschwindigkeiten über 1 m/sec Feineinstellungen mit einem Hilfsantrieb, etwa nach Abb. 5 und einem polumschaltbaren Motor.

h) Bündigschalter. — Die bei den Feineinstellungen verwendeten üblichen Bündigschalter, die als mechanische Anschlagschalter ausgebildet sind, sind in manchen Fällen unerwünscht, weil sie Geräusch verursachen, und weil sie der Abnützung unterworfen sind. Man hat deshalb schon die Rollenhebel mit einer elektromagnetischen Rückziehvorrichtung versehen; vgl. die Beschreibung der Steuerungen auf S. 5 und S. 11. — Weiterhin sind Aufzüge mit einer Feineinstellung bekannt geworden, bei denen die Bündigschalter nicht als mechanische Berührungsschalter, sondern als magnetische Induktionsschalter, als Lichtstrahlenschalter (ähnlich wie bei der Rolltreppensteuerung auf Seite 23) oder mit Elektronröhrenrelaisschaltern ausgebildet sind; bei diesen Schaltern ist also keine mechanische Berührung aufeinander wirkender

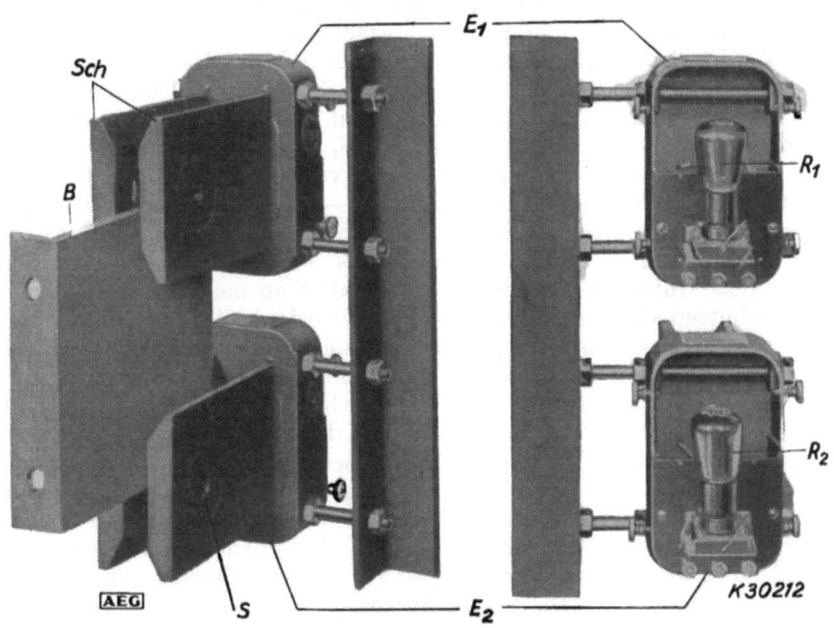

Abb. 20. Elektronenröhren-Bündigschalter.
$E_1 E_2$ Elektronenröhreneinheiten, *Sch* Schuhe, *B* Blechschirm, *S* Spulen, $R_1 R_2$ Elektronenröhren.
(Aus: „Fördertechnik u. Frachtverkehr" 1934, Heft 3/4.)

Schalterteile vorhanden, so daß störende Geräusche, sowie die Abnützung vollkommen wegfallen. — Als Beispiel einer solchen Bündigschaltersteuerung ohne mechanische Schalter zeigen die Abb. 20 und 21 eine von der AEG. gebaute Elektronen-Bündigschalter-Einrichtung. Die Elektronenröhreneinheiten sitzen auf der Kabine. Die obere Einheit E_1 stellt zusammen mit einem im Maschinenraum befindlichen Relais den Bündigschalter für die Aufwärtsfahrt, die untere Einheit E_2 mit einem zweiten Relais den Bündigschalter für die Abfahrtsfahrt dar. Die Bündigschalter werden durch das Blech B (Abb. 20 u. 21) zur Wirkung gebracht. In jedem Stockwerk ist ein solches Blech angeordnet, das durch die Schuhe der beiden Elektronengeräte frei hindurchgeht. Die Abb. 20 zeigt die Lage der Elektronenröhreneinheiten E_1 und E_2 zum Blech B in der Bündiglage der Kabine. In den Schuhen *Sch* eines jeden Elektronenröhrengerätes sind Spulen eingebettet, die mit der in dem Gehäuse eingebauten Elektronenröhre R_1 oder R_2 und einigen Kondensatoren und

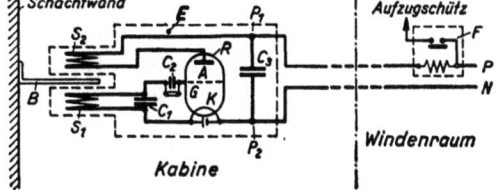

Abb. 21. Schaltbild der Elektronenröhreneinheit für eine Fahrtrichtung.

B	Blechschirm,	K	Kathode,
$S_1 S_2$	Spulen,	G	Gitter,
$C_1 C_2 C_3$	Kondensatoren,	$P_1 P_2$	Abzweigpunkte,
R	Röhre,	E	Elektronenröhreneinheit im ganzen.
A	Anode,		

(Aus: „Fördertechnik und Frachtverkehr" 1934, Heft 3/4.)

Widerständen zu einer Rückkopplungsschaltung vereinigt sind, deren Prinzipschaltbild in Abb. 21 für eine Fahrtrichtung dargestellt ist. Die Spule S_1 bildet mit dem Kondensator C_1 einen Schwingungskreis, dessen Schwingungen über den Gitterkondensator C_2 auf das Gitter G der Elektronenröhre R übertragen werden. Von der Kathode K zur Anode A und weiterhin durch die Spule S_2 fließt infolgedessen ein Strom der gleichen Frequenz wie in dem Schwingungskreis $S_1 C_1$. Wenn die Spulen S_1 und S_2 miteinander gekoppelt sind, bewirkt die Spule S_2 durch Induktion eine Verstärkung des Stromes in S_1, und wenn die Größe der einzelnen Teile der Schaltung zweckentsprechend gewählt ist, bleibt der Schwingstrom in der Röhre dauernd aufrecht erhalten. Er schließt sich über den Kondensator C_3, da dieser für ihn infolge der hohen Frequenz der Schwingung praktisch keinen Widerstand darstellt. Das Relais F, das die Einschaltung des Aufzugsmotors über das der betreffenden Fahrtrichtung zugeordnete Schütz bewirkt, wenn die Kabine in der Feineinstellungszone nicht bündig steht, ist an die Gleichstromquelle P-N angeschlossen. Es fließt nur ein ganz geringer, zum Ansprechen nicht genügender Strom durch das Relais, solange eine feste Kopplung zwischen den Spulen S_1 und S_2 besteht, d. h. solange das Blech B die beiden Spulen nicht gegeneinander abschirmt. Die Wirkung für den das Relais F durchfließenden Gleichstrom ist dann die gleiche, wie wenn zwischen den Punkten P_1 und P ein Widerstand von sehr hoher Ohmzahl läge.

Wird zwischen die beiden Spulen S_1 und S_2 das Blech B geschoben, so daß die Felder der beiden Spulen sich nicht vereinigen, die Spulen also nicht mehr miteinander gekoppelt sind, so hört die Schwingung augenblicklich auf, weil der verstärkende Einfluß der Rückkopplungsspule S_2 auf die Schwingungskreisspule S_1 wegfällt. Nunmehr verhält sich die Anordnung so, als ob der Schwingungskreis $S_1 C_1$ nicht vorhanden wäre und lediglich die Elektronenröhre E unter dem Einfluß der Gleichspannung P—N stünde. Es fließt infolgedessen von dem Pol (P) der Stromquelle über das Relais F, durch die Spule S_2 über die Anode A und die Kathode K ein Gleichstrom, dessen Höhe ungefähr das Zehnfache des Wertes beträgt, der vorher über diesen Weg floß. Infolgedessen spricht das Relais F an und schließt den Stromkreis desjenigen Aufzugsschützen, das den Aufzugsmotor in der erforderlichen Richtung einschaltet. Das Einführen des Schirmbleches zwischen die beiden Spulen hat also dieselbe Wirkung, als ob eine sehr starke Verminderung des Widerstandes innerhalb des Relaisstromkreises einträte.

Bei Drehstrom wird der erforderliche Gleichstrom durch einen Trockengleichrichter erzeugt.

Wie Abb. 20 zeigt, ist das Schirmblech derart im Schacht angeordnet, daß es sich bei Bündigstellung des Fahrkorbes in der Mitte zwischen den beiden Spulenpaaren der Elektronenröhreneinheiten befindet. Dabei wird ein kleiner Teil der Fläche jedes Spulenpaares abgeschirmt; dieser genügt noch nicht, um das Aufhören der Schwingungen, wie oben beschrieben, zu bewirken. Wird dagegen die abgeschirmte Fläche z. B. an dem oberen Spulenpaar durch geringes Tieferstellen des Fahrkorbes vergrößert, so hört die Schwingung augenblicklich auf, der hohe Gleichstrom beginnt zu fließen, und das Relais spricht an. Ebenso erfolgt das Ansprechen des Relais, das der unteren Elektroneneinheit zugeordnet ist, wenn die Aufzugkabine um einen geringen Betrag über die Bündigstellung steht.

Diese Bündigschalteinrichtung eignet sich ganz besonders für schnellaufende Aufzüge hoher Fahrtenzahlen, da sie keinerlei Verschleiß unterworfen ist. Die Wartung der Einrichtung beschränkt sich auf die Auswechslung der in den Einheiten eingebauten Elektronenröhren, die unabhängig von der Schaltzahl der Einrichtung eine Lebensdauer von etwa 1—1½ Jahren aufweisen.

i) **Allgemeines über die Förderleistung von Aufzügen unter Berücksichtigung der Feineinstellung.** — Durch die Feineinstellungen und Einrichtungen zum langsamen Einfahren mit oder ohne Bündigschalter soll hauptsächlich erreicht werden, daß der Fahrkorb genau in der Bündigstellung hält, also ohne daß eine Stufe zwischen dem Fahrkorb und der Bündigstellung entsteht, die insbesondere für schwächliche Personen und für das Aufschieben von Karren, Krankenwagen u. dgl. oft lästig ist. Andererseits soll aber auch die Fahrzeit verkürzt werden, und zwar dadurch, daß die Beschleunigung und Verzögerung möglichst genau entsprechend dem idealen Fahrdiagramm eingestellt werden, so daß auch eine möglichst hohe Fahrgeschwindigkeit zwischen den Haltestellen gewählt werden kann. Hierbei ist jedoch zu beachten, daß die Förderleistung von Aufzügen in vielen Fällen nicht durch Erhöhung der Geschwindigkeit gesteigert werden kann, weil nämlich der Anteil der Haltezeiten am Gesamtförderspiel eines Aufzuges oft den Anteil der reinen Fahrzeit übertrifft. Die AEG. gibt beispielsweise folgende Werte an (siehe Tabelle Seite 17).

In den meisten Betrieben ist also die Haltezeit des Aufzuges größer als die Fahrzeit; die Haltezeit bestimmt daher oft ausschlaggebend die Förderleistung. Bei kurzen Haltezeiten und angestrengtem Betrieb bedeutet also schon eine Kürzung der Haltezeit um wenige Sekunden, wie sie z. B. durch den Einbau von selbsttätig bedienten Türen am Schacht und am Fahrkorb (vgl. Abb. 49, S. 30) erreicht wird, eine beträchtliche Steigerung der Förderleistung. Andererseits wird dann, wenn der Aufzugbetrieb von vornherein lange Haltezeiten aufweist, durch einen Zeitgewinn von wenigen Sekunden bei jeder Fahrt, z. B. durch Steigerung der Geschwindigkeit,

Allgemeines über die Förderleistung von Aufzügen unter Berücksichtigung der Feineinstellung. 17

die Förderleistung nicht erheblich gesteigert. Die Rechnung ergibt [1], daß beispielsweise von eine Fahrstrecke von 3,5 m und eine Wartezeit von 60 sec bei Wahl einer Geschwindigkeit von 0,3 m/sec die erreichbare Förderleistung 50 Fahrten in der Stunde beträgt, während bei 0,6 m/sec Geschwindigkeit, die aber etwa die doppelte Motorleistung erfordert, 54 stündliche Fahrten erreicht werden. Aus diesen Werten geht hervor, daß es u. U. unwirtschaftlich ist, einige Sekunden an Fahrzeit durch hohe Geschwindigkeiten mit der entsprechenden großen Motorleistung zu gewinnen, wenn die ersparte Zeit im Vergleich zu den viel größeren Haltezeiten überhaupt nicht ins Gewicht fällt. Soll die Förderleistung eines Aufzuges gesteigert werden, so

Haltezeiten bei Personen- und Lastenaufzügen.

Art des Aufzuges	Haltezeit im Mittel s	Erforderliche Geschwindigkeit rd. m/s
Personenaufzüge im		
Wohnhaus	2-5 min u. mehr	0,3—0,5
Hotel	1—2 min	0,5—0,8
Bürohaus	30—60 s	0,8
Hochhaus	20—30 s	1,5-3 m/s u. mehr
Warenhaus		
Türen von Hand betätigt . .	15 s	1,5
Türen selbsttätig bedient . .	8 s	1,5
Lastenaufzüge		
zur Förderung von		
schweren Lasten u. sperrigen Gütern	1-2 min u. mehr	0,3
Handkarren	40—60 s	0,5
Elektrokarren (Bahnsteigaufzüge)	20—30 s	0,5—0,8
Traglasten und Personen .	20—30 s	0,6—1,2

Fahrtenzahlen/Std im Aufzugsbetrieb.

Wohnhäuser	15
Fabriken	30— 60
Bürohäuser	60— 90
Hochhäuser	90—180
Warenhäuser	120—240

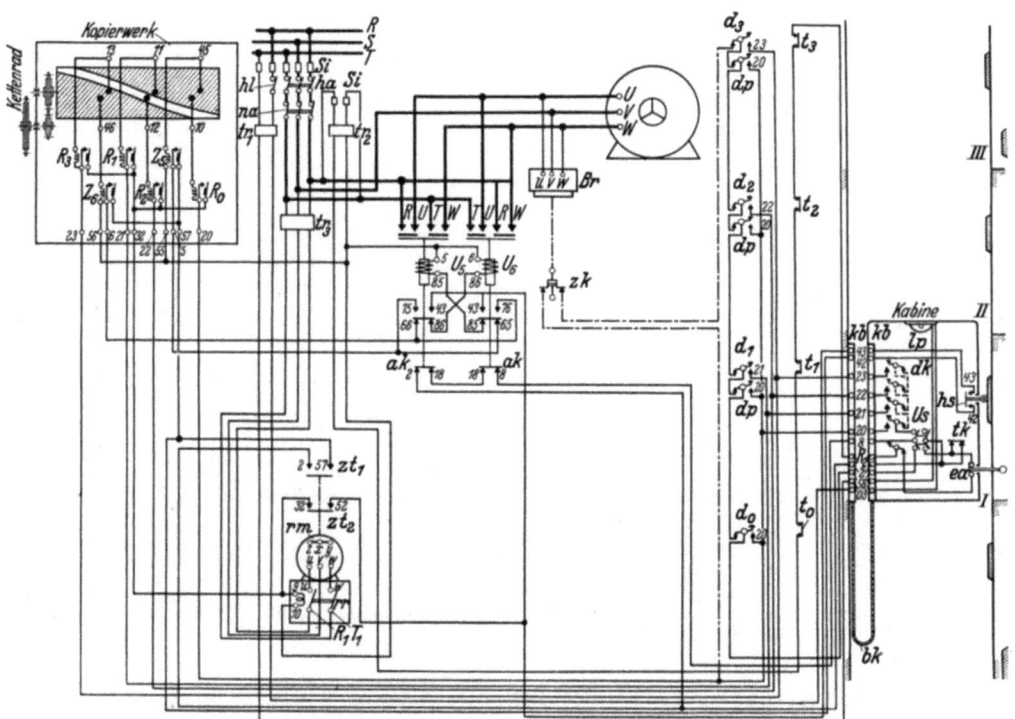

Abb. 22. Aufzugsdrehstromsteuerung der S. S. W. mit Druckknopfsteuerung, Kurzschlußläufer und Zentraltürverriegelung.

$U_{5,6}$ Umschaltschütze,
R_{0-2} Stockwerkrelais,
$S_{5,6}$ Zwischenrelais,
Si Sicherungen,
ha Hauptschalter,
hi Lichtschalter,
d_{0-2} Außendruckknöpfe,
dp Druckknöpfe für Abwärtsfahrt nach dem Erdgeschoß,
dk Druckknöpfe in der Kabine,

Br Bremslüfter,
na Notschalter,
to Türkontakte,
ea Endschalter,
lp Lampe in der Kabine,
kb Klemmenbretter,
bk biegsames Kabel,
hk Halteknopf,
tk Kabinentürkontakt,

US Umschalter auf der Kabine,
hs Haltschalter,
ak Abhängigkeitskontakt,
zk Zeitkontakt für selbsttätige Abwärtsfahrt nach dem Erdgeschoß,
tr_1 Lichttransformator,
tr_2 Steuerstromtransformator,
tr_3 Drehstromtransformator.

---

[1] Angaben der Allgemeinen Elektricitäts-Gesellschaft.

wird also in vielen Fällen die Kürzung der Haltezeit erfolgreicher und wirtschaftlicher sein als die Steigerung der Geschwindigkeit. Hierauf muß schon bei der Planung der Aufzugsanlage für ein Gebäude geachtet werden. Die Mittel für die Verkürzung der Haltezeit bestehen außer in den schon genannten selbsttätigen Türbewegungsvorrichtungen in der bequemen Anordnung aller Bedienungselemente, bei Lastenaufzügen in der Verwendung von Elektrokarren zum Anfahren und Abfahren des Ladegutes und ähnlichen Hilfseinrichtungen.

III. Weitere Beispiele von neuzeitlichen Steuerungen für Aufzüge.

a) Aufzugsdrehstromsteuerung der Siemens-Schuckertwerke mit Druckknopfsteuerung, Kurzschlußläufer und Zentraltürverriegelung. — Die Abb. 22 zeigt eine Druckknopfsteuerung für Aufzüge mit Drehstromantrieb, der jetzt ganz allgemein üblich ist, und mit einem Kopierwerk. Der

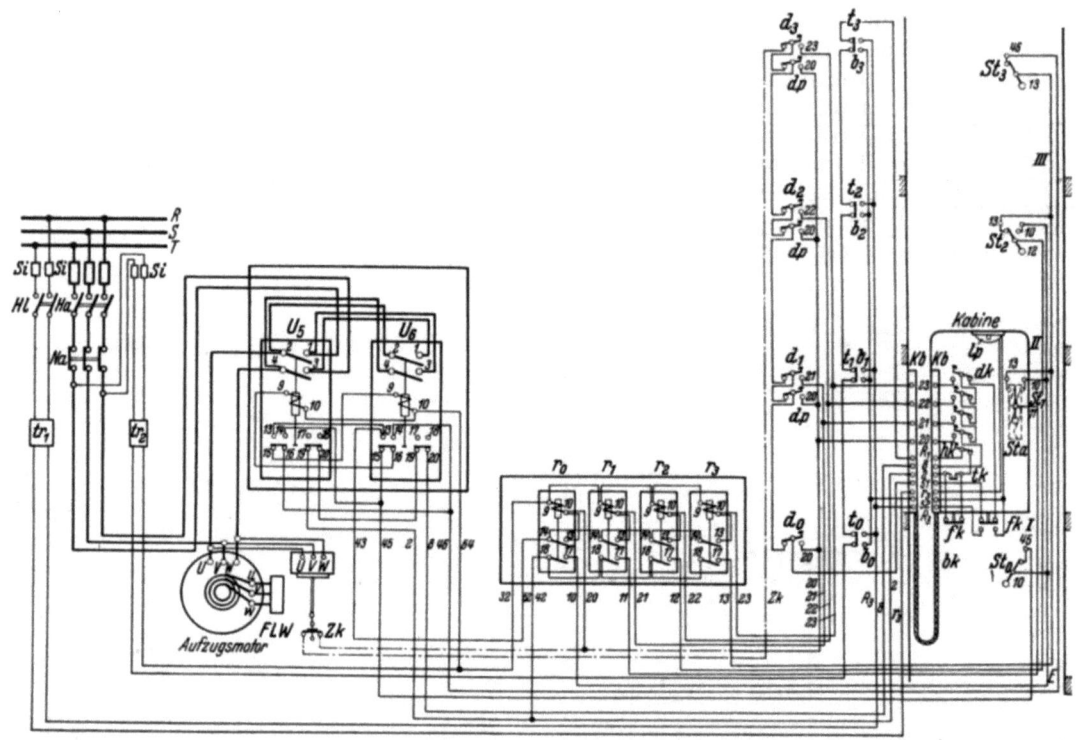

Abb. 23. Druckknopfsteuerung der S. S. W. für Drehstromantrieb mit Schleifringläufer und Stockwerkschaltern.

$U_{5,6}$ Umkehrschütze,	d_{0-3} Druckknöpfe,	tk Türkontakt an der Kabine,
Ha Hauptschalter,	b_{0-3} Beleuchtungskontakte,	fk Fußbodenkontakte in der Kabine,
Hl Lichtschalter,	Zk Zeitkontakt für selbsttätige Abwärtsfahrt nach	Sta Stellapparat an der Kabine,
Na Notschalter,	dem Erdgeschoß,	St_{0-3} Stockwerkschalter,
Si Sicherungen,	dk Druckknopftafel in der Kabine,	bk biegsames Kabel,
r_{0-3} Stockwerkrelais,	dp Druckknöpfe für Abwärtsfahrt nach dem Erdgeschoß,	Kb Klemmenbrett an Schacht und Kabine,
FLW Fester Läuferwiderstand,	Br Bremslüfter,	lp Lampe in der Kabine,
t_{0-3} Türkontakte,	hk Halteknopf in der Kabine,	tr_{1-2} Transformator.

Drehstrommotor ist mit einem Kurzschlußläufer versehen. Das Kopierwerk ist als Walzenschalter ausgebildet, der in der aus der Abbildung ersichtlichen Weise mit einem diagonalen Isolationsstreifen versehen ist. Z_5 und Z_6 sind die bei Drehstrom üblichen Zwischenrelais (für die Relais R_0 bis R_3). An jedem Stockwerk ist außer dem Druckknopf zum Heranholen des Fahrkorbes je ein zweiter Druckknopf (d_0) angeordnet, der dazu dient, den Fahrkorb nach Beendigung der Fahrt wieder nach dem Erdgeschoß oder nach einem anderen Bereitschaftsstockwerk zurückzuschicken. Schließlich ist noch ein Zeitkontakt ZK vorgesehen, der am Bremslüfter Br sitzt. Durch diesen Zeitkontakt wird der Fahrkorb in dem Falle, daß nach Verlassen des Fahrkorbes keiner der Druckknöpfe d_0 gedrückt worden ist, nach Ablauf einer bestimmten Zeit selbsttätig nach dem Erdgeschoß oder nach einer anderen Bereitschaftshaltestelle zurückgeschickt.

b) Druckknopfsteuerung der S.S.W. für Drehstromantrieb mit Schleifringläufer und Stockwerkschaltern. — Abb. 23 zeigt eine ähnliche Druckknopfsteuerung wie Abb. 22, aber mit Schleifringläufer und mit Stockwerkschaltern. Im übrigen gelten für diese Ausführung ebenfalls die Erläuterungen zu Abb. 22.

c) Aufzugsteuerung mit Leonardantrieb der S.S.W. — In Abb. 24 ist eine Aufzugssteuerung mit einem üblichen Leonardantrieb mit einer Schaltwalze in der Kabine dargestellt, die also

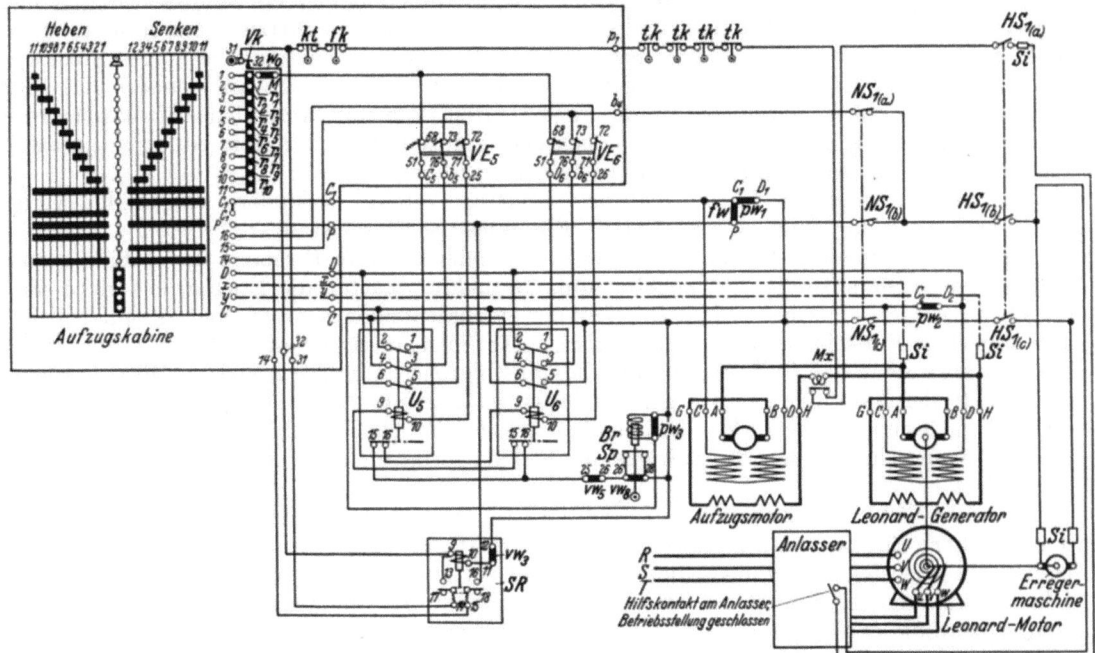

Abb. 24. Aufzugssteuerung der S. S. W. mit Leonardantrieb und Schaltwalze in der Kabine.

Vk	Verriegelungskontakt,	Sp	Sparschalter am Bremslüfter,	r_{1-10}	Regelwiderstand,
kt	Kabinentürkontakt,	SR	Sicherheitsrelais,	pw_{1-3}	Parallelwiderstand,
fk	Fußbodenkontakt,	Mx	Maximalkontakt,	vw_0	Sparwiderstand,
tk	Türkontakte,	NS	Notschalter,	vw_{3-5}	Vorwiderstände,
VE_{5-6}	Verzögerungs-Endschalter,	HS	Hauptschalter,	fw	Feldschwächwiderstand,
U_{5-6}	Umkehrschütze,	w_0	feste Stufe,	Si	Sicherungen.
Br	Bremslüfter,				

in grundsätzlich derselben Weise wirkt, wie die Leonardsteuerung nach Abb. 134, S. 120 des Buches. Das Relais SR entspricht dem auf S. 119 des Buches erläuternden Relais SS und dient also zur Steuersperrung. — Im übrigen wird an dieser Stelle noch auf die Feineinstellung mit Leonardantrieb und einer Dämpfermaschine verwiesen, die auf S. 13ff. beschrieben ist.

IV. Selbsttätige Sammelsteuerungen.

a) Allgemeines. — Bei Aufzügen mit großer Geschwindigkeit (über 2,5 m/sec) und angestrengtem Betrieb, sowie für Aufzugsgruppen in Hochhäusern usw. sind in neuerer Zeit selbsttätige Sammelsteuerungen entwickelt worden, vor allem in Amerika. Bei diesen Steuerungen werden die einzelnen Fernrufe gesammelt und mittels eines Wählers registriert und selbsttätig nach einem bestimmten Plan geordnet, derart, daß der Fahrkorb den Heranrufen nach einem bestimmten Plan folgt und dabei unnötige Wege vermeidet. Im folgenden sind zwei Ausführungsarten derartiger Sammelsteuerungen beschrieben; die Schaltpläne sind, wie ohne weiteres einleuchtet, so verwickelt, daß sie im Rahmen dieses Buches entbehrlich sind.

b) Signal-Kontroll-System der Otis-Aufzugswerke. — Die Arbeitsweise dieses Steuerungssystems, das vollkommen selbsttätig arbeitet, ist folgende:

Nachdem in einem bestimmten Stockwerk eine oder mehrere Personen die Kabine betreten haben, geben sie dem Aufzugsführer das Stockwerk an, in welches sie befördert werden wollen. Der Aufzugsführer drückt für jedes Stockwerk, das angesteuert werden soll, einen Knopf auf dem in der Kabine befindlichen Druckknopfkasten. Wenn der letzte Fahrgast eingestiegen ist, so betätigt der Fahrstuhlführer einen Anlaßschalthebel, worauf die Schacht- und Kabinentüren sich selbsttätig schließen, die Kabine sich in Bewegung setzt, und stoßfrei auf die Höchstgeschwindigkeit beschleunigt. Wenn die Kabine sich der gewünschten Haltestelle nähert, wird die Geschwindigkeit verzögert und nach Erreichen der Haltestelle die Kabine stillgesetzt. Die Schacht- und Kabinentüren öffnen sich selbsttätig ohne Mitwirkung des Fahrstuhlführers. Hat der Fahrgast die Kabine verlassen, betätigt der Führer wieder den Anlaßschalter, die Kabinen- und Schachttüren schließen sich, und der Vorgang beginnt von neuem.

Wenn während der Fahrt der Kabine von einem Fahrgast von außen ein Anruf erfolgt, so wird dieses Signal von demjenigen Aufzug der Gruppe aufgenommen, der dem Geschoß, von dem der Anruf erfolgte, am nächsten ist und sich in der gewünschten Fahrtrichtung bewegt. In dem Falle, daß die Kabine besetzt ist oder sich bereits in der Verzögerungszone desjenigen Stockwerks befindet, von der das Haltesignal gegeben wurde, so hält sie nicht an, sondern das Signal wird selbsttätig auf einen anderen, in der gewünschten Richtung fahrenden Aufzug übertragen. Zu dieser Steuerung gehören also, wie ersichtlich, zahlreiche Sonderrelais od. dgl., die auf die Fahrrichtung, die Besetzung der Kabine usw. ansprechen.

Das Steuerungssystem kann auch für führerlose Aufzüge besonders ausgebildet werden; vgl. hierzu auch das Buch, S. 58, Abs. 3. Die Wirkungsweise ist so:

Nachdem in einem bestimmten Stockwerk eine oder mehrere Personen die Kabine betreten haben, steuern sie auf dem dort angebrachten Druckknopfkasten die Etagen, in welche sie befördert zu werden wünschen, durch Drücken der entsprechenden Knöpfe ein. Hierauf vollziehen sich sämtliche Funktionen völlig automatisch: Die Schacht- und Kabinentüren schließen sich, der Fahrkorb setzt sich in Bewegung und beschleunigt sich allmählich auf die Höchstgeschwindigkeit. In der Nähe des nächstliegenden der eingesteuerten Stockwerke setzt die Verzögerung ein und nach dem Erreichen der Haltestelle wird der Fahrkorb stillgesetzt. Die Türen öffnen und schließen sich, nachdem der Fahrgast die Kabine verlassen hat, und der Fahrkorb setzt seine Fahrt fort.

In jedem Stockwerk ist je ein Auf- und Ab-Druckknopf angeordnet, durch die der Fahrgast den Fahrkorb für die von ihm gewünschte Fahrtrichtung rufen kann. Solche von außen kommenden Steuerbefehle werden von dem Aufzug, wenn der Fahrkorb in der gewünschten Richtung fährt, sofort, andernfalls erst auf dem Rückwege ausgeführt. Falls mehrere Aufzüge vorhanden sind, so wird dieser Steuerimpuls von demjenigen Aufzug aufgenommen, der dem Stockwerk, von dem der Anruf erfolgte, am nächsten ist und sich in der gewünschten Fahrtrichtung bewegt.

Um in verkehrsreichen Stunden einen schnelleren Betrieb zu gewährleisten und die Bequemlichkeit der Fahrgäste zu erhöhen, kann ein solcher Aufzug auch mit Führerbegleitung benutzt werden.

c) **Sammelsteuerung mit Einknopfbedienung der Schindler-Aufzügefabrik.** — Bei dieser Steuerung sind nur in den Stockwerken neben den Zugängen Druckknöpfe angebracht; sie ersetzen die Knöpfe in der Kabine. Der Fahrgast, der, z. B. im Erdgeschoß den Aufzug bis zum 3. Stock benutzen will, drückt auf den Knopf „3. Etage", worauf der Fahrstuhl selbsttätig nach dem Erdgeschoß dirigiert wird ohne Rücksicht auf seinen jeweiligen Standort. Nach dem Eintritt des Fahrgastes und dem Schließen der Schacht- und Kabinentüre setzt er sich unverzüglich nach dem 3. Stockwerk in Bewegung. Will nun während dieser Zeit ein anderer Gast im 2. Stockwerk den Aufzug bis zum 5. Stock benutzen, so drückt er auf den Knopf „5. Etage", worauf der Aufzug automatisch im 2. Stock anhält, um den zweiten Fahrgast aufzunehmen. Nach dem Schließen der Tür fährt er von selbst nach dem 3. Stock weiter, um den ersten Fahrgast hier aussteigen zu lassen. Nach dem Schließen der Türen fährt dann der Aufzug selbsttätig nach dem 5. Stock, wo er anhält. Während der Aufwärtsfahrt bedient der Aufzug alle Stockwerke, von denen Steuersignale von Fahrgästen kommen, die aufwärts zu befördern sind, in der Reihenfolge der Stockwerke, ganz unabhängig davon, in welcher Zeitfolge die Signale kommen. In entsprechender Weise werden während der Abwärtsfahrt die Stockwerke bedient.

Auch bei dieser Steuerung läßt sich bei Hochhäusern usw. die Förderleistung erheblich steigern, da unnötige Fahrwege weitgehend vermieden werden. Ein Aufzugsführer ist nicht notwendig; außerdem fällt der sonst übliche Druckknopfkasten in der Kabine weg.

d) **Wählersteuerungen nach Art von Fernsprechsteuerungen.** — Es ist vorgeschlagen worden, zur Steuerung von Aufzügen Wählersteuerungen nach Art der Fernsprechsteuerungen zu verwenden. Hierbei werden die Kommandos durch eine bestimmte Zahl von Stromstößen gegeben; hierzu wird im Fahrkorb (und gegebenenfalls an jedem Stockwerk) eine Wählerscheibe nach Art der allgemein bekannten Fernsprechapparate für selbsttätigen Betrieb angeordnet. Durch diese Einrichtung wird ein großer Teil der bei den üblichen Druckknopfsteuerungen erforderlichen Leitungen erspart. Derartige Wählersteuerungen sind jedoch bisher in Deutschland noch nicht eingeführt worden.

V. Neuere Ausführungen von Fahrtreppen.

a) Allgemeines. — In den letzten Jahren haben die Fahrtreppen auch in Deutschland besondere Bedeutung erlangt, nachdem diese im Auslande, vor allem in England, Frankreich und in Nordamerika in vielen Hunderten von Ausführungen in Betrieb genommen waren. Mit einer Fahrtreppe von üblicher Breite, bei der zwei Personen nebeneinander auf einer Stufe stehen, können 8000 Personen in einer Stunde stehend befördert werden, und zwar mit einer Geschwindigkeit von 0,5 m/sec. Wenn die Fahrgäste auf der Fahrtreppe hinauf- oder hinabgehen, so steigt die Förderleistung auf 16 000 Personen in der Stunde. Bei einem Vergleich mit Aufzügen ergibt sich, daß beispielsweise bei einer Förderhöhe von vier Stockwerken und bei der angegebenen Förderleistung von 8000 Personen in der Stunde vier übereinander angeordnete Fahrtreppen erforderlich sind, dagegen etwa 20 Aufzüge mit je einem Fördervermögen von 12 Personen. Bei den Aufzügen müßten also 20 Führer vorhanden sein; außerdem wären immer wieder 20 Anlaufstromspitzen vorhanden. Allerdings ist bei Aufzügen die reine Fahrzeit im allgemeinen kürzer, bei Fahrtreppen fällt indessen die Wartezeit weg. Aus diesen Angaben geht hervor, daß Fahrtreppen zur Bewältigung des neuzeitlichen Massenverkehrs, insbesondere auf den Bahnhöfen der Untergrund- und Hochbahnen, in hervorragendem Maße geeignet sind. Derartige Förderleistungen lassen sich mit Aufzügen auch bei Verwendung von außergewöhnlich großen Fahrkörben naturgemäß nicht erreichen.

So sind auch, wie auf S. 16 des Buches bereits angegeben ist, die Aufzüge der Londoner Untergrundbahn, deren Fahrkörbe 90 Personen faßten, inzwischen durch Fahrtreppen ersetzt worden; auch für den Elbtunnel in Hamburg würden heute sicher Fahrtreppen anstatt der Aufzüge eingebaut werden. In neuerer Zeit sind für den für Fußgängerverkehr bestimmten Scheldetunnel in Antwerpen, der die Stadt mit dem neuen Industriegelände auf dem gegenüber liegenden Ufer der Schelde verbindet, zwei nebeneinander liegenden Fahrtreppen[1] für den Aufwärts- und Abwärtsverkehr vorgesehen. Da jede Treppe, wie gesagt, 8000 stehende und 16000 laufende Fahrgäste

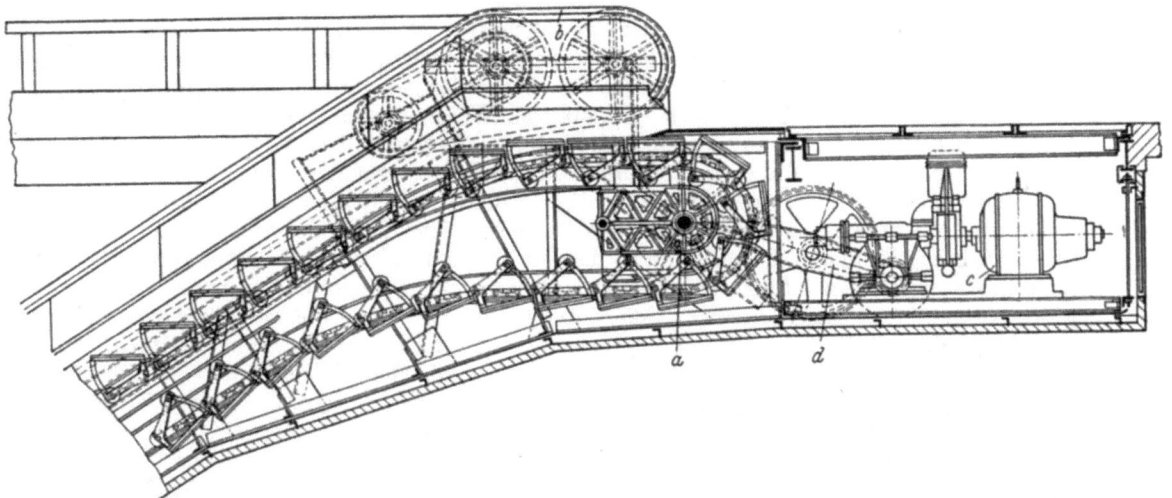

Abb. 25. Fahrtreppe mit Schwinghebel (Firma Flohr).
a Antriebswelle, *b* Handleiste, *c* Antriebsmotor, *d* Schwinghebel mit Übersetzungsrädern.
(Aus: Z. VDI. 1929, S. 950.)

in der Stunde befördern kann, und da die Treppen für den Berufsverkehr oder für sonstige Fälle, bei denen der Verkehr im wesentlichen nur nach einer Richtung hingeht, alle im gleichen Fördersinne geschaltet werden können, so beträgt die Höchstleistung in einer Richtung 32 000 Personen in der Stunde. Diese Fahrtreppen im Scheldetunnel sind in zwei Absätze eingeteilt, sie weisen eine sehr große Förderhöhe auf, nämlich 16,8 m für den einen Absatz und 14,8 m für den anderen Absatz.

b) Anordnung des Motors mit Getriebe. — Der Antriebsmotor wird durchgängig am oberen Ende angeordnet, weil dann die Ketten im wesentlichen auf Zug beansprucht werden. Für die Verbindung zwischen dem Antriebsmotor und dem oberen Kettenrad wird gewöhnlich eine Kette verwendet. Bei dieser Anordnung muß aber außer der am Motor sitzenden Bremse noch eine

---
[1] Ausführung der Firma Carl Flohr.

zweite Bremse angeordnet werden, die auf das Kettenrad wirkt, weil sonst im Falle eines Bruches der Verbindungskette zwischen dem Motor und dem Kettenrad die eigentliche Fahrtreppe nicht abgebremst werden würde. Ein gewöhnliches Übersetzungsgetriebe mit Zahnrädern kann meistens nicht verwendet werden, da hierbei infolge der Erschütterung und der Durchbiegungen der Gerüstkonstruktion, die durch die fortwährend wechselnde Belastung entstehen,

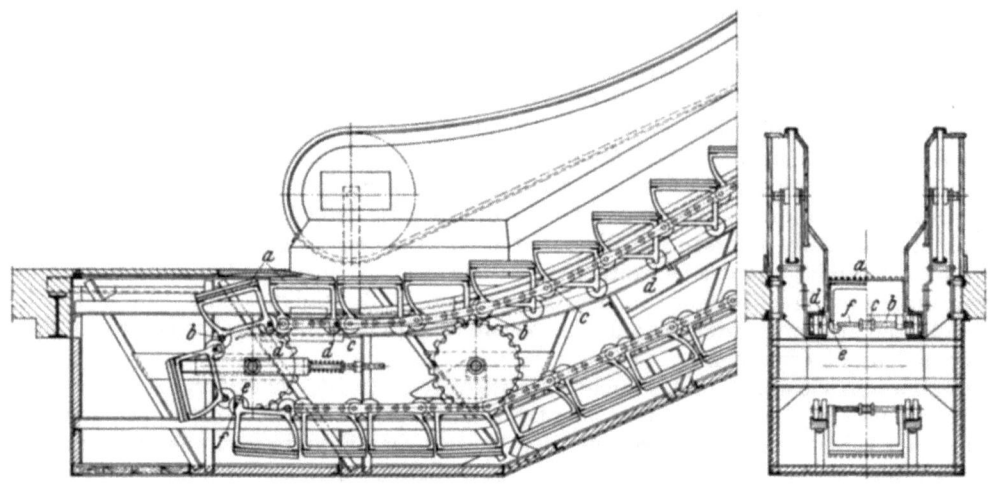

Abb. 26 u. 27. Fahrtreppe der Firma Stahl mit Viereckstufen.
a Viereckstufe,   *c* Tragkette,   *e* Anschlag,
b hintere Rollenachse der Stufe,   *d* vordere Stufenrolle,   *f* Anschlagbolzen.

der erforderliche genaue Zahneingriff nicht gewährleistet werden könnte, wenn nicht sehr umständliche Nachstellvorrichtungen verwendet werden würden. Die Firma Flohr hat deshalb einen Schwinghebel angeordnet, in welchem die Zahnräder gelagert sind, wie die Abb. 25 zeigt.

c) **Führung an den Umkehrstellen.** In üblicher Weise werden die Stufen an den Umkehrstellen durch besondere Führungsbogenstücke geführt, die als Gußstücke ausgebildet sind. Um bei kleineren Fahrtreppen diese Umführungsbogenstücke zu vermeiden, hat die Firma R. Stahl eine Bauart entwickelt, bei welcher die richtige Stellung der Stufen durch Anschläge an den Tragketten erreicht wird, gegen die sich das frei bewegliche Ende der zugehörigen Stufe legt. Diese Anordnung ist in den Abb. 26 und 27 dargestellt; dabei sind die Schnitte durch die Stufen in verschiedenen Ebenen geführt, um die hier interessierenden Einzelteile zu zeigen. Die in Viereckform ausgeführten Stufen *a* sind an den hinteren Rollenachsen *b* mit der Tragkette *c* gelenkig verbunden, während die beiden vorderen Rollen *d* keine durchgehende Achse besitzen. An den vorderen Enden der Stufen sind Anschläge *e* angeordnet, die sich in der aus den Abbildungen ersichtlichen Weise an den Umkehrstellen gegen Anschlagbolzen *f* legen, die an den Tragketten *c* angebracht sind.

Durch den Wegfall der Bogengußstücke ist man nicht an die Modelle gebunden, weil jetzt einfache Eisenkonstruktionen verwendet werden können. Wenn man auf Modelle Rücksicht nehmen muß, die man nicht jedesmal verändern kann, so ist es der einfachste Weg, die Kette am oberen Ende in waagerechter Richtung auf die untere Rollenbahn überzuleiten. Diese Anordnung ist auch oft aus architektonischen Gründen erwünscht, um nämlich die Verkleidung auf der unteren Seite der Fahrtreppe parallel zu der Richtung der Fahrtreppe selbst ausführen zu können. Bei der beschriebenen Bauart dagegen kann man mit Leichtigkeit die Anschlußrichtung jedesmal nach Bedarf wählen, so daß dann der untere Strang von den oberen Umlenkrollen aus gerade weggeführt werden kann; bei kleinen Fahrtreppen kommen die architektonischen Rücksichten meist nicht in Frage. Durch diese Anordnung gewinnt man bei kleinen Fahrtreppen noch die Möglichkeit, den an sich kleinen Antrieb zwischen die Kettenstränge zu setzen. Durch die Viereckstufe ergibt sich ein verhältnismäßig kleiner Durchmesser der Umführungskreise und damit der Umführungsräder. Dabei ergeben sich durch die Rollen- und Kettenanordnung bei der Viereckstufe ebenso günstige Kraftverhältnisse, wie bei den üblichen Dreieckstufen. Durch die Verwendung nur einer Tragkette wird die Gesamtkonstruktion weiter vereinfacht. — Durch die beschriebene Bauart wird also insbesondere für geringe Förderhöhen und Förderleistungen eine verhältnismäßig leichte und einfache Fahrtreppe geschaffen.

d) **Selbsttätige Steuerung von Fahrtreppen**[1]. — Die Fahrtreppen, die in den letzten Jahren auf Bahnhöfen, insbesondere für Umsteigebahnhöfe vielfach eingebaut worden sind, sind zum Teil mit einer von der Firma Flohr entwickelten selbsttätigen Steuerung ausgerüstet. Eingehende Untersuchungen haben nämlich gezeigt, daß beispielsweise bei einem Bahnbetrieb mit einer Zugfolge von je 10 Minuten die Fahrtreppe nur etwa 1½—2 Minuten unmittelbar nach Ankunft des Zuges benutzt werden. Die Zusammendrängung des Verkehrs auf Bahnhöfen, insbesondere bei Umsteigbahnhöfen, bei Untergrundbahnen und Stadtbahnen, ergibt also ganz andere Verkehrsverhältnisse, wie bei Warenhäusern, wo der Besucherstrom im allgemeinen ziemlich gleichmäßig ist. Die erste selbsttätige Fahrtreppensteuerung ist im Jahre 1933 auf dem neuen Umsteigebahnhof „Schöneberg" der Deutschen Reichsbahn eingebaut worden. Bei dieser Ausführung ist am unteren Ende der Fahrtreppe ein Fußtrittsschalters angeordnet, der ein Zeitrelais steuert, das wiederum den Motor einschaltet, und nach einer bestimmten Zeit, die 5 sec

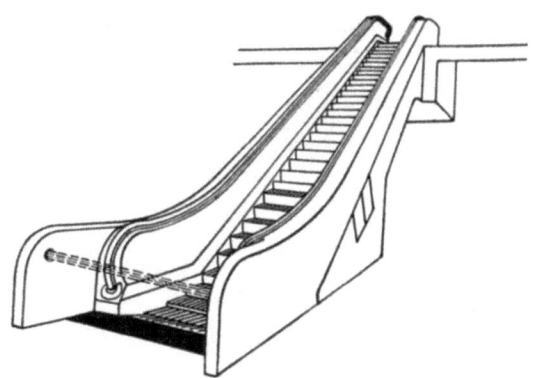

Abb. 28. Fahrtreppe mit Lichtschranke (Firma Flohr), Ansicht.
(Aus: Industrieblatt 1934, Heft 3.)

länger als die Hubzeit der Treppe ist, selbsttätig wieder ausschaltet. Wenn während der Laufzeit der Treppe andere Fahrgäste den Fußtrittsschalter betreten, so wird das Zeitrelais immer wieder von neuem aufgezogen. Untersuchungen haben Stromersparnisse von 13—35% ergeben. Außerdem wurde ermittelt, daß bei reinem Umsteigeverkehr die Fahrtreppe bei 21stündiger Betriebsbereitschaft durchschnittlich nur rund 10 Stunden im Betrieb war, so daß auch die Lebensdauer der Fahrtreppe wesentlich verlängert wird. Das häufige Anfahren der Fahrtreppe schadet nichts, da bei einer Fahrtreppe die auf- und abwärtsgehenden Massen fast vollständig ausgeglichen sind. Außerdem wird die Treppe durch den Fußtrittsschalter stets in unbelastetem Zustand eingeschaltet. — Neuerdings sind diese selbsttätigen Steuerungen weiter verbessert worden. Statt des mechanischen Fußtrittsschalters wird eine Lichtschrankensteuerung verwendet, die rein elektrisch arbeitet. Eine solche Lichtschrankensteuerung ist in den Abb. 28, 29 und 30 dargestellt[2]. Die zu beiden Seiten der Fahrtreppe liegen-

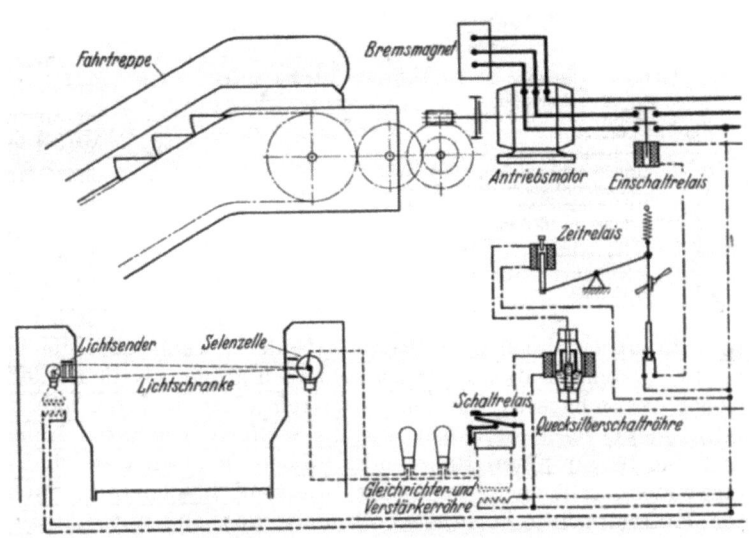

Abb. 29. Fahrtreppe mit Lichtschranke, Schaltbild.
(Aus: Industrieblatt 1934, Heft 3.)

den Holzverkleidungen sind, wie die Abb. 28 zeigt, am unteren Ende etwas verlängert; in der einen verlängerten Holzverkleidung ist ein Lichtsender angeordnet, während auf der anderen Seite in derselben Höhe eine Selenzelle angebracht ist, die über Gleichrichter und Verstärkerröhren auf ein Schaltrelais arbeitet, das seinerseits das Zeitrelais steuert. Die allgemeine Anordnung ist aus Abb. 28 u. 29 zu ersehen. Die Selenzelle ist so eingerichtet, daß sie erregt wird, wenn die Lichtschranke durch eine Person od. dgl. durchbrochen wird. Durch eine infrarote Scheibe und eine Sammellinse wird der Lichtstrahl unsichtbar gemacht, so daß der Fahrgast die Treppe vollkommen unbewußt steuert. — Bei derartigen selbsttätigen Steuerungen könnte bei schwachem Verkehr unter Umständen ein Fahrgast, der zuerst kommt, der Meinung

---

[1] Vgl. Schmelzer: „Fahrtreppen" in Glasers Annalen 1933, Heft 10 u. 11.
[2] Ausführung der Firma C. Flohr.

sein, daß die Fahrtreppe, die er stillstehen sieht, außer Betrieb ist. Deshalb ist vorgeschlagen worden, die Fahrtreppe während der Nichtbenutzung nur mit einer geringen Geschwindigkeit zu treiben, während der Fahrgast durch den Fußtrittsschalter oder die Lichtstrahlensteuerung die Treppe selbsttätig auf die erheblich höhere eigentliche Betriebsgeschwindigkeit schaltet. Bei dieser Anordnung gehen aber selbstverständlich die Vorteile der selbsttätigen Steuerung zum Teil wieder verloren. Man hat deshalb die selbsttätige Steuerung neuerdings so ausgeführt, daß das Zeitrelais von dem einfahrenden Zug selbst in Gang gesetzt wird, so daß die Rolltreppe sofort nach Ankunft des Zuges selbsttätig zu laufen anfängt. — In den Zeiten starken Verkehrs würde das Zeitrelais in ganz kurzen Zeitabständen aufgezogen werden. Um die damit verbundene Abnutzung zu vermeiden, sind Zeitschaltuhren eingebaut worden, die zu bestimmten Zeiten, z. B. früh und nachmittags während des Berufsverkehrs, die Treppe dauernd einschalten, so daß also dann die selbsttätige Steuerung außer Betrieb gesetzt ist; hierbei wird zweckmäßig eine Schaltuhr für die Wochentage und eine andere Schaltuhr für die Sonntage verwendet. Ein vollständiges Schaltbild einer selbsttätigen Fahrtreppensteuerung unter Verwendung von Schaltuhren zeigt Abb. 30.

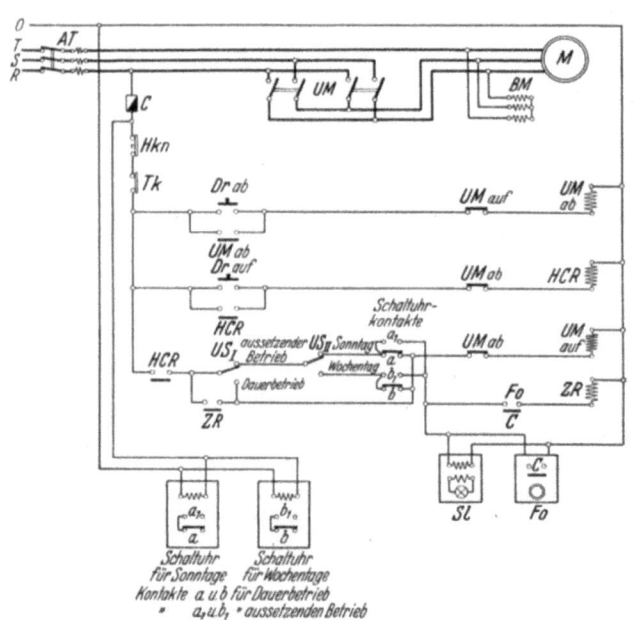

Abb. 30. Fahrtreppe mit Lichtschranke, Stromlaufbild.
At   Überstromschalter,
M   Motor,
BM   Bremsmagnet,
C   Steuersicherung,
Dr   Druckknopf am Schaltbrett an der Treppe,
Hkn Halteknopf am Schaltbrett an der Treppe,
HCR Hilfsrelais,
F_o Selenzelle oder Photozelle,
SL   Sendelampe,
Tk   Sicherheitskontakte an der Treppe (Spannwagen),
$US_{I,II}$ Umschalter,
ZR   Zeitrelais.

e) **Rollwendeltreppen.** — Die Fahrtreppen haben sich, wie aus den vorstehenden Ausführungen hervorgeht, zu einem außerordentlich brauchbaren Mittel zur Bewältigung des neuzeitlichen Massenverkehrs entwickelt. Bei der Verwendung der Fahrtreppen in Häusern, also insbesondere in Warenhäusern, ist oft die Platzfrage nicht leicht zu lösen, da Fahrtreppen von üblicher Bauart gegenüber Aufzügen naturgemäß erheblich mehr Raum erfordern, wenn auch die Förderleistung der Fahrtreppen, wie es vorstehend ausgeführt ist, erheblich größer als die Förderleistung von Aufzügen ist. Bei großen Warenhäusern, die von vornherein einen Lichthof haben, lassen sich Fahrtreppen verhältnismäßig leicht einbauen, wie die vielfach bekannten Anlagen dieser Art zeigen. Um nun auch bei beschränkten Raumverhältnissen in älteren Geschäftshäusern usw. eine Fahrtreppe verwenden zu können, ist in der Literatur, besonders in Patentschriften vorgeschlagen worden, Fahrtreppen in Form einer Wendeltreppe, also mit Spiralführungen zu bauen. Schwierigkeiten macht hierbei, wie ohne weiteres einleuchtend ist, die Umlenkung und die Rückführung der Stufen in der Spiralform, insbesondere wegen der sich ergebenden Raum- und Reibungsverhältnisse. So ist es erklärlich, daß dieser aussichtsreiche Gedanke bisher noch nicht praktisch verwirklicht worden ist. Es erscheint aber durchaus möglich, durch diese verhältnismäßig wenig Platz beanspruchenden Rollwendeltreppen die oberen Räume von alten Geschäftshäusern, in denen im Erdgeschoß gutgehende Läden untergebracht sind, in recht günstiger Weise auszunützen, weil das Publikum durch die bequemen und dauernd laufenden Rollwendeltreppen angeregt werden wird, die oberen Räume mehr als bisher zu besuchen; dabei fällt die bei den in solchen Geschäftshäusern üblichen kleinen Aufzügen oft unangenehm empfundene Wartezeit weg.

f) **Einbaumöglichkeiten der Fahrtreppen.** — Die Fahrtreppen können in verschiedener Weise eingebaut werden, und zwar in den einzelnen Stockwerken hintereinanderliegend, so daß also der Fahrgast immer in einer Richtung befördert wird (Abb. 31) oder übereinander liegen. Bei der übereinanderliegenden Anordnung sind wiederum verschiedene Einbaumöglichkeiten vorhanden, wie Abb. 32—37 zeigen.

Plattformaufzüge.

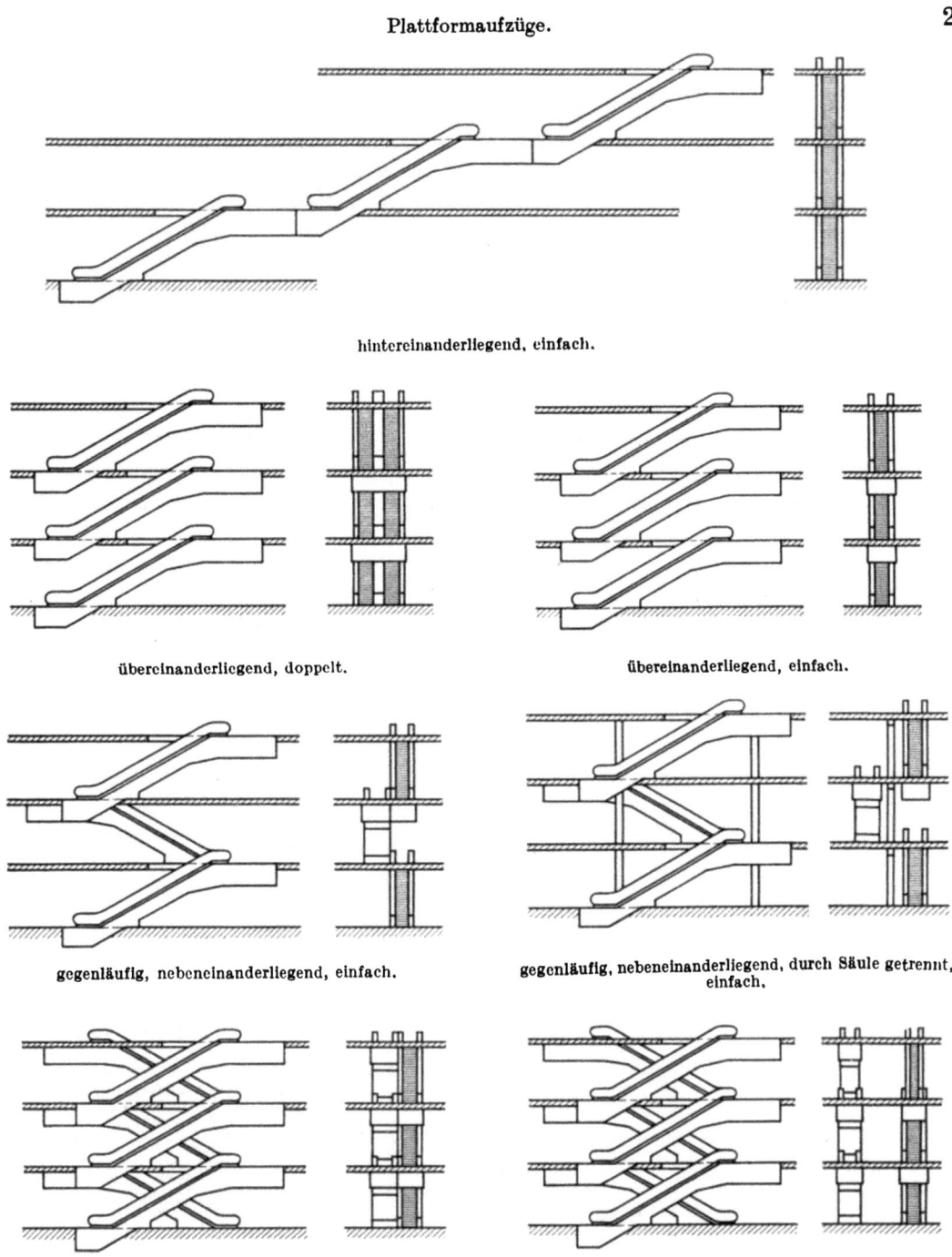

hintereinanderliegend, einfach.

übereinanderliegend, doppelt.   übereinanderliegend, einfach.

gegenläufig, nebeneinanderliegend, einfach.   gegenläufig, nebeneinanderliegend, durch Säule getrennt, einfach.

scherenartig, unmittelbar nebeneinanderliegend, doppelt.   scherenartig, getrennt liegend, doppelt.

Abb. 31—37. Anordnungen von Fahrtreppen.

VI. Plattformaufzüge.

Die auf S. 131—133 des Buches erörterten Plattformaufzüge, die insbesondere als Gepäckaufzüge in Bahnhöfen verwendet werden, werden jetzt häufig mit einem Stützkettenantrieb anstatt des Spindelantriebs versehen. Der Stützkettenantrieb vermeidet das bei einem üblichen Spindelantrieb erforderliche Bohrloch am unteren Hubende. Dabei bieten die Stützketten dieselbe Sicherheit gegen Abstützen, wie die Spindel, da die Stützketten sich im Falle eines Bruches in ihren Führungen festsetzen. Vor allem aber weisen die Stützkettenaufzüge ebenso wie die Spindelaufzüge (und alle Aufzüge mit unmittelbarem Antriebsmittel) gegenüber den gewöhnlichen Seilaufzügen den Vorteil auf, daß das Gegengewicht unmittelbar am Fahrkorb angreift, so daß also der Aufzugsmotor und die Ketten von der toten Last nicht beansprucht werden.

Ein Ausführungsbeispiel eines Bahnsteigaufzuges mit Stützketten, das noch in besonders einfacher Weise mit einer Feineinstellung versehen ist, zeigen die Abb. 38—40. Der am unteren Hubende angeordnete Motor a treibt die endlosen Stützketten b an. Der Fahrkorb c ist über besondere Seile mit den Gegengewichten d verbunden. Zur Verbindung der Stützketten b mit dem Fahrkorb c sind zu den beiden Seiten die Pendel e vorgesehen. Die Pendel f sind so an die Stütz-

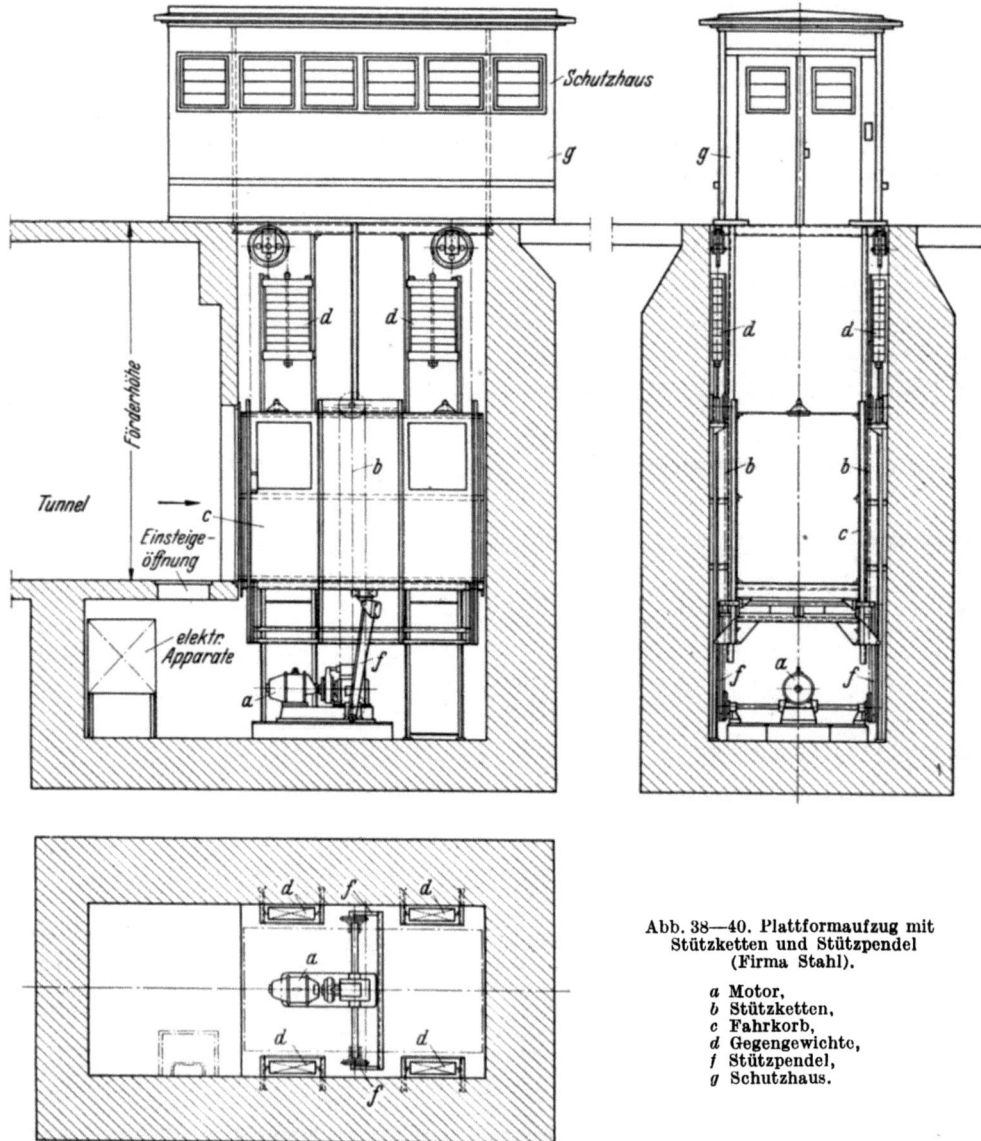

Abb. 38—40. Plattformaufzug mit Stützketten und Stützpendel (Firma Stahl).

a Motor,
b Stützketten,
c Fahrkorb,
d Gegengewichte,
f Stützpendel,
g Schutzhaus.

ketten angebracht, daß sie bei den beiden Endstellungen des Fahrkorbes genau im oberen oder unteren Scheitelpunkt der Umführungsräder stehen. Wenn nun der Motor nicht genau abgestellt ist, wirkt sich der in dem Antrieb und in den Stützketten vorhandene Abstellfehler oder Ausläuferweg auf dem halbbogenförmigen Umführungsweg an den Umführungsrädern aus; der Fahrkorb selbst aber steht hierbei, ebenso wie ein Kreuzkopf in der Nähe der Hubenden, praktisch still. Auf diese Weise wird also für die Stützkettenaufzüge eine sehr einfache Feineinstellung erreicht.

Bei der dargestellten Ausführung kann ferner das Schutzhaus g versenkbar angeordnet sein und zwar derart, daß es für gewöhnlich halb versenkt ist, während es im Betrieb von dem von unten kommenden Fahrkorb angehoben und beim Weggang des Fahrkorbes wieder gesenkt wird. Auf diese Weise wird die Sicht auf dem Bahnsteig wesentlich verbessert, was für den Eisenbahnbetrieb in vielen Fällen wichtig ist.

VII. Türverriegelungen.

a) Allgemeines. — Bei der Entwicklung der neuzeitlichen Türverriegelungen mußten zunächst die neuen Bestimmungen der „Technischen Grundsätze", Ziffer 23 bis 25, beachtet werden. Diese Änderungen sind im Zusammenhang mit den anderen Änderungen der „Technischen Grundsätze" an anderer Stelle (S. 31ff.) wiedergegeben. Vor allem handelt es sich darum, daß jede Verriegelung vollkommen zwangläufig im Sinne der Erläuterungen des Aufzugsausschusses (s. Anhang S. 31) kontrolliert werden muß; hiernach dürfen also entweder keine Federn für die Verriegelung verwendet werden (wohl aber für die Entriegelung; vgl. auch die Ausführungen auf S. 97 des Buches) oder der Kontakt im Steuerstromkreis muß von dem Riegel vollkommen zwangläufig gesteuert werden. — Weiterhin wurde bei den neueren Konstruktionen großer Wert auf eine möglichst einfache und gedrängte Gesamtanordnung gelegt.

Für elektrisch gesteuerte Umstellaufzüge und Lastenaufzüge mit nur zwei Haltestellen und nicht mehr als 5 m Förderhöhe, sowie bei Bahnhofaufzügen für die Förderung von Gepäck mit zwei Haltestellen und beliebiger Förderhöhe hat der Deutsche Aufzugsausschuß wesentliche Erleichterungen zugelassen. Die Bestimmungen sind im einzelnen auf S. 34, unten im Anhang wiedergegeben.

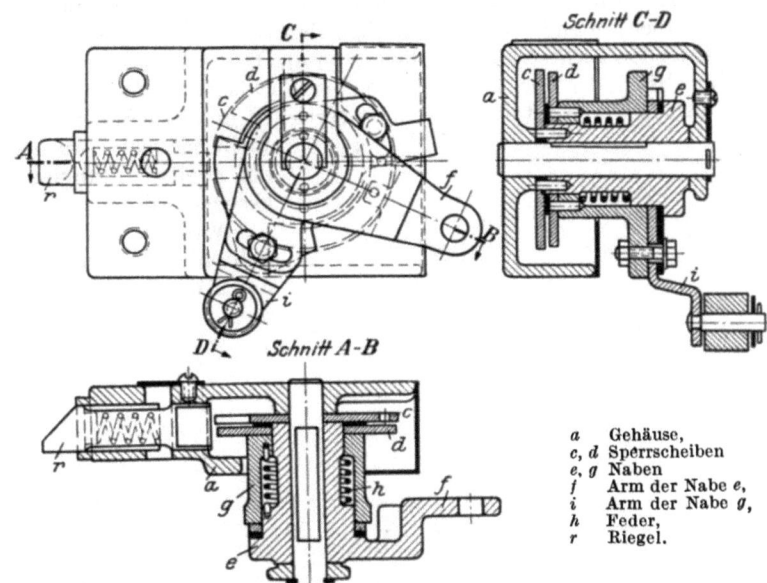

a Gehäuse,
c, d Sperrscheiben
e, g Naben
f Arm der Nabe e,
i Arm der Nabe g,
h Feder,
r Riegel.

Abb. 41—43. Türverschluß mit Sperrscheiben, Verriegelungsgestänge und Zentralkontakt. (Aus: Z. VDI 1929, S. 948.)

b) Türverschlüsse mit Sperrscheiben, Verriegelungsgestänge und Zentralkontakt. — Die Abb. 41 bis 43 zeigen einen Schachttürverschluß für Aufzüge ohne Führerbegleitung unter Verwendung eines Verriegelungsgestänges mit einem Zentralkontakt. In dem Gehäuse a sind zwei Sperrscheiben c und d drehbar angeordnet, die an ihrem Umfang mit einem Einschnitt versehen sind. Die Sperrscheibe c wird über die Nabe e und den Arm f von dem elektromagnetisch bewegten Verriegelungsgestänge gesteuert, das außerdem in bekannter Weise (vgl. S. 103, Abb. 124 des Buches, Kontakt g) einen Zentralkontakt im Steuerstromkreis beeinflußt. Die Sperrscheibe d sitzt auf der Nabe g, die wiederum mit dem Arm i verbunden ist; der Arm i trägt eine Gleitrolle, die von der Steuerkurve des Fahrkorbs beeinflußt wird. Die beiden Naben e und g sind durch die Feder h verbunden, und zwar so, daß die beiden Naben bei entspannter Feder gegeneinander versetzt sind. — Bei abgeschaltetem Elektromagneten, also bei Stillstand des Aufzuges, steht der Einschnitt der Scheibe c dem Riegel r gegenüber, während der Einschnitt der Scheibe d bei abwesendem Fahrkorb oberhalb des Riegels steht, so daß also der Riegel durch die Scheibe d gesperrt ist (Abb. 41 und 43). Bei anwesendem Fahrkorb dagegen wird die Scheibe d durch die Steuerkurve am Fahrkorb mittels der Rolle heruntergedrückt, so daß also beide Einschnitte dem Riegel gegenüberstehen und der Riegel zurückgezogen werden kann. Wenn der Aufzug in Betrieb gesetzt wird, wird der Elektromagnet erregt und damit das Verriegelungsgestänge angezogen; da ferner die Rolle von der Steuerkurve am Fahrkorb nicht beeinflußt wird, so werden die beiden Scheiben gegenüber der beschriebenen Stellung bei abgeschalteter Steuerung und abwesendem Fahrkorb noch weiter nach oben gedreht, so daß beide Einschnitte oberhalb des Riegels stehen, wodurch der Riegel durch beide Scheiben gesperrt ist. — Die Feder h dient also nur zur Entriegelung, nicht zur Verriegelung.

c) Türverschluß mit Verriegelungsgestänge und Zentralkontakt. — Eine weitere Bauart eines solchen Türverschlusses mit einem Verriegelungsgestänge und Zentralkontakt zeigen Abb. 44 bis 46 nach einer Bauart der Schindler-Aufzüge-Fabrik.

Alle Verriegelungsteile und der Steuersperrkontakt sind zwangläufig miteinander verbunden, wirken auch bei gebrochenen Federn und sind so angeordnet, daß Reibungen stets in verriegelndem Sinne wirken. Sie arbeiten daher selbst unter ungünstigsten Verhältnissen unfallsicher. Auch bei vorbeifahrender Kabine bleibt das Schloß verriegelt.

Abb. 44 zeigt das Schloß in geschlossenem, entriegeltem Zustande, wenn der die Kabine hinter der Türe steht. Der Bremsmotor ist stromlos, das Stahlband ist gelöst und Bandzughebel v in seiner unteren Lage, während der auf v gelagerte Rollenhebel b durch Kurve a nach rechts geschoben ist. Nur bei dieser Lage der beiden Hebel v und b gibt der Sperrhebel c den Wechselhebel d frei, sodaß die Türe geöffnet werden kann. Der Wechselhebel d ist zwangläufig verbunden einerseits mit Riegel f, andererseits mit Kontaktbrücke h. Bei noch geschlossener Türe wird Riegel f durch Schließfalle p über Hebel d in der Türe gehalten und der Steuerstromkreis, rechts von Brücke h, ist durch diese geschlossen. Das Zurückdrücken der Muschel i nach links bewirkt über f, d und g die zwangläufige Unterbrechung des Steuerkontaktes, und Kontaktbrücke h schließt den Lichtstromkreis (links von h). Der Aufzug kann nicht in Bewegung gesetzt werden. Beim Öffnen der Türe sperrt die von der Türklappe gesteuerte Sperrstange m den Wechselhebel d an der Nase n; Kontaktbrücke h ist verriegelt und eine unbefugte Inbetriebsetzung des Aufzuges nicht möglich. An Stelle der Türklappe kann auch ein zweiter zwangläufiger Steuersperrkontakt vorgesehen werden.

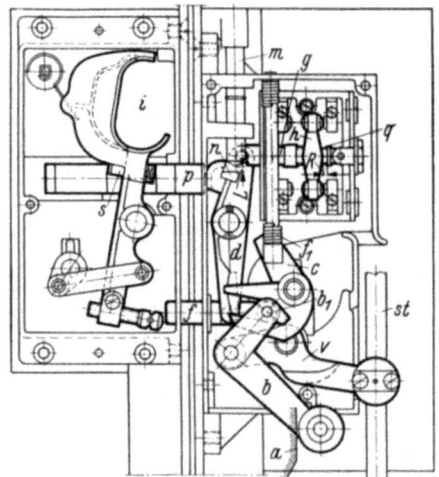

Wird die Tür wieder geschlossen, so schiebt die Schloßfalle p über Hebel d den Riegel f wieder vor und Kontaktbrücke h schließt den Steuerstromkreis

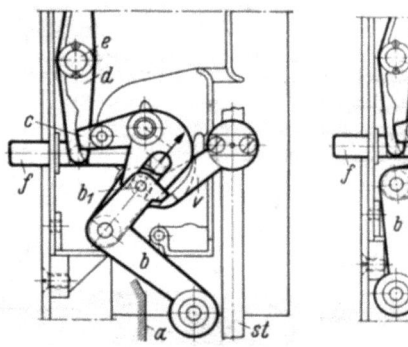 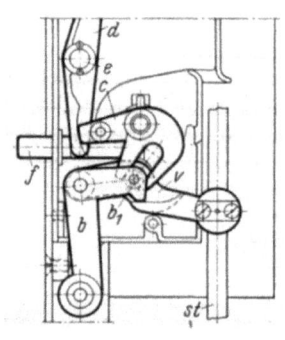

Abb. 44. Fahrkorb anwesend, Steuerung ausgeschaltet, Verschluß entriegelt.　　Abb. 45. Fahrkorb anwesend. Steuerung eingeschaltet. Verschluß verriegelt.　　Abb. 46. Fahrkorb abwesend. Steuerung ausgeschaltet. Verschluß verriegelt.

Türverschluß mit Verriegelungsgestänge und Zentralkontakt (Schindler Aufzügefabrik).

a Kurve am Fahrkorb,
b Rollenhebel,
b_1 Angriffsbolzen des Rollenhebels b,
c Sperrhebel,
d Wechselhebel,
e Drehzapfen,
f Riegel,
f_1 Feder,
g Kontaktbolzen,
h Kontaktbrücke,
i Muschelhandgriff,
m Sperrstange (von der Türklappe gesteuert),
n Anschlag,
p Schließfalle,
q Mitnehmerscheibe auf dem Kontaktbolzen g,
R Spiel zwischen g und q (= etwa 2 mm),
L Spiel zwischen Sperrstange m und Nase n,
s Regulierschraube,
st Stahlband (bewegt vom Bremslüfter, verbunden mit dem Zentralkontakt),
v Bandzughebel.

(Aus: Schweiz. Bauztg. Bd. 102, 1933 Nr. 22.)

(rechts von h). Nach Erteilung des Steuerkommandos zieht das Stahlband st den Bandzughebel v aller Schlösser in seine obere Lage (Abb. 45): Wechselhebel d wird durch Sperrhebel c gesperrt und Riegel f vor dem Zurückschieben gesichert. Alle Rollenhebel b werden abgehoben und kommen während der Fahrt der Kabine mit der Kurve a nicht in Berührung. Es ist daher unmöglich, irgendeine Schachttüre beim Vorbeifahren der Kabine zu öffnen. Kann das Stahlband st wegen Hemmungen nicht den vollen Hub durchziehen oder bricht es, so wird der am Ende des Bandes angebrachte Zentralkontakt nicht geschlossen und das Fahren des Aufzuges verhindert. Schäden am Türverschluß führen also stets zu einer Außerbetriebsetzung des Aufzuges.

Der Sperrhebel c wird einmal durch eine Feder f_1 (Abb. 44), dann durch das eigene Gewicht, ferner durch das Gewicht des Rollenhebels b und schließlich durch die Reibung in seinem Drehpunkt in der sperrenden Stellung gehalten.

Vor Ankunft der Kabine in einem Stockwerk wird das Stahlband st gelöst, Bandzughebel v fällt und der Rollenhebel b aller Schlösser verschiebt sich nach links (Abb. 46). Nur da, wo er in den Bereich der an der Kabine befestigten Kurve a kommt, wird der Rollenhebel b wieder nach rechts geschoben und das Schloß entriegelt (Abb. 44).

Abb. 45 und 46 zeigen, wie bei verriegeltem Schloß der Angriffspunkt b_1 des Rollenhebels b mit dem Drehpunkt des Bandzughebels v zusammenfällt und die Auf- und Abwärtsbewegung des Bandzuges kein Drehmoment auf den Sperrhebel c ausübt. Bei dieser Anordnung wirkt das Verrosten des Angriffpunktes b_1 des Rollenhebels (siehe Pfeile) und das Verharzen aller Drehpunkte infolge der dadurch auftretenden Kraftkomponenten auf den Sperrhebel c stets verriegelnd. Die mechanische Sperrung ist bereits beim ersten Drittel des Hubes des Bandzuges durchgeführt, ein weiteres Drittel dient der Sicherheit, sowie der Betätigung des Kontrollkontaktes und erst im letzten Drittel des Hubes schließt der Steuerkontakt und ermöglicht die Einleitung der Fahrt. Findet aus irgendeinem Grunde die Verriegelung im ersten Drittel des Weges nicht statt, so wird die nachfolgende Bewegung nicht eingeleitet und der Aufzug nicht in Betrieb gesetzt.

d) **Verriegelung mit Einzelkontakten und Hubkurve.** — In den letzten Jahren ist man dazu übergegangen, das verhältnismäßig lange und sperrige Verriegelungsgestänge mit dem Zentralkontakt durch eine am Fahrkorb sitzende Hubkurve und Einzelkontakte zu ersetzen, die an jeder Schachttür sitzen und von der Hubkurve zusammen mit dem zugehörigen Riegel gesteuert werden, nachdem es heute möglich ist, die nötigen Kontakte, Magnete usw. so herzustellen, daß sie genügend geräuschlos und durchaus betriebssicher arbeiten. Einen derartigen Verschluß zeigen die Abb. 47 und 48. Zum Türverschluß gehören zunächst der Schloßkasten a in halber Türhöhe und die Kontakte b an der Türrahmenoberkante mit der entsprechenden Kontaktbrücke am Türflügel c. Bei geschlossener Tür schließt die Kontaktbrücke die Kontakte b am Türrahmen. Durch die beiden unteren dieser Kontakte b wird der Stromkreis für den am Fahrkorb sitzenden Verriegelungsmotor d geschlossen, während der obere Kontakt den Lichtstromkreis schließt. Der Verriegelungsmotor d wird also bei Erteilung eines Steuerkommandos in Bewegung gesetzt und zwar bis zu einem Anschlag. Dabei wird die Hubkurve e angezogen, die ihrerseits entgegen der Spannung einer Feder den Schnäpper f freigibt, der über ein am Türflügel sitzendes Schließblech greift und dadurch die Tür verriegelt. Das mit dem Schnäpper drehbar verbundene Kontaktstück g

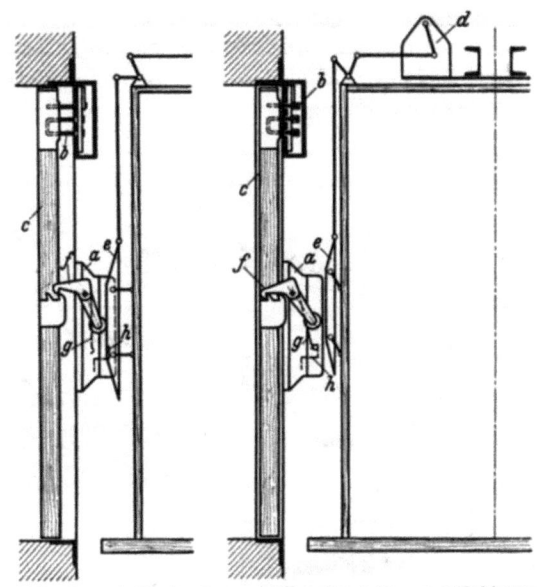

Abb. 47 u. 48. Verriegelung mit Einzelkontakten und Hubkurve (Firma Flohr).

a Schloßkasten,
b Kontakte,
c Türflügel,
d Verriegelungsmotor,
e Hubkurve,
f Schnäpper,
g Kontaktstück,
h Kontakt.

schließt zwangläufig den Kontakt h, der im Steuerstromkreis des Aufzuges liegt. Am Ende der Fahrt wird der Verriegelungsmotor stromlos, die Hubkurve wird zurückgezogen und der Schnäpper außer Eingriff mit dem Schließblech gebracht; damit wird auch der Kontakt h zwangläufig unterbrochen. — Der Schnäpper f ist mit zwei Rasten versehen, von denen die eine als Sicherheitsrast für den Fall dient, daß die Tür rasch zugeworfen wird und wieder zurückfedert; in diesem Fall greift also der Schnäpper in die zweite Rast, anstatt in die erste, und verriegelt dort die Tür; der Steuerkontakt ist auch in diesem Falle in der Praxis nicht geschlossen.

VIII. Bewegungsvorrichtungen für die Schachttüren.

a) Allgemeines. — In neuerer Zeit sind die in Amerika schon länger bekannten Bewegungsvorrichtungen für die Schachttüren auch in Deutschland eingeführt worden. Diese Einrichtungen haben den Zweck, dem Fahrstuhlführer die bei den immer größer werdenden Schachttüren und bei dem lebhaften Betrieb in großen Warenhäusern u. dgl. oft sehr anstrengende Öffnungs- und Schließarbeit abzunehmen. Weiterhin soll der ganze Aufzugbetrieb durch Verkürzung der Wartezeiten beschleunigt werden; hierdurch läßt sich, wie auf S. 16 näher ausgeführt ist, in vielen Fällen mehr erreichen, als durch eine Erhöhung der Geschwindigkeit.

Bei einer Aufzugsanlage mit verhältnismäßig wenig Haltestellen wird zweckmäßig an jeder Schachttür je ein Motor o. dgl. angeordnet. Bei sehr zahlreichen Haltestellen kann, wie es in Amerika vielfach üblich ist, ein Elektromotor auf dem Fahrkorb angeordnet sein, der auf die

Kabinentür und mittels einer ausrückbaren Kupplungskurve auf diejenige Schachttür einwirkt, hinter welcher der Fahrkorb hält.

b) Elektrisch-hydraulische Türbewegungsvorrichtung. — Abb. 49 zeigt eine Ausführungsform der Firma C. Flohr, bei welcher ein elektrischer Antrieb mit einem Druckmittelantrieb verbunden ist. Der oberhalb jeder Schachttür angeordnete und mittels Druckknöpfen zu steuernde Elektromotor a treibt eine in dem Gehäuse b eingeschlossene Zahnradpumpe, die je nach ihrer Drehrichtung das Druckmittel (Öl) dem einen oder dem anderen Ende eines in dem Gehäuse b eingeschlossenen Zylinders zuführt. Die Druckflüssigkeit bewegt dabei einen im Zylinder eingeschlossenen Kolben, dessen Bewegung wiederum durch die Kolbenstange c und ihre Verlängerung auf das Türbewegungsgestänge d übertragen. Über der Kolbenstange c tritt eine zweite Kolbenstange e aus dem Gehäuse b heraus. Diese wird durch die Druckflüssigkeit zuerst bewegt und zieht mittels des Gestänges f eine Türsicherung zurück, bevor die Schachttürbewegung beginnt.

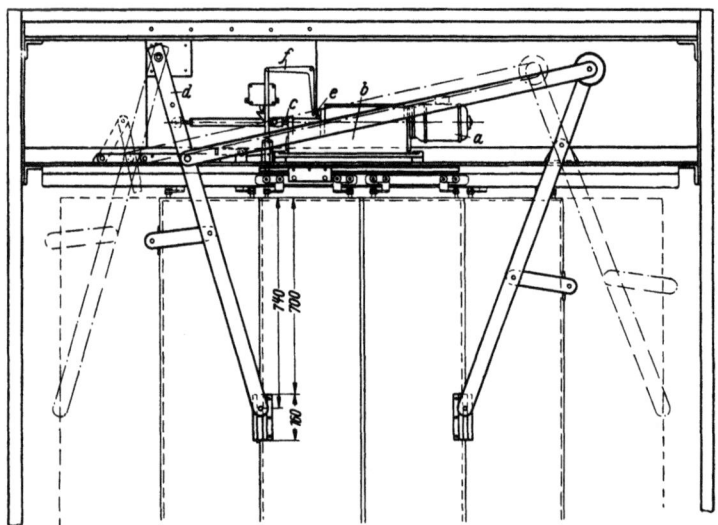

Abb. 49. Elektrisch-hydraulische Türbewegungsvorrichtung (Firma Flohr).
  a Elektromotor, c, e Kolbenstangen, f Riegelgestänge.
  b Gehäuse, d Türgestänge,
(Aus: Z. VDI 1929, S. 948.)

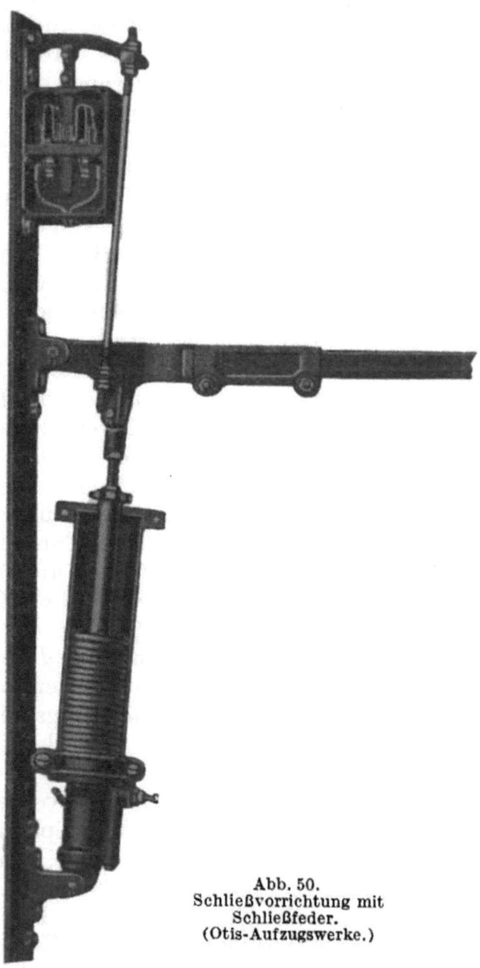

Abb. 50.
Schließvorrichtung mit Schließfeder.
(Otis-Aufzugswerke.)

Neuerdings führt man derartige Türbewegungsvorrichtungen für große Aufzüge in großen Warenhäusern u. dgl. oft mit reinem Druckluftantrieb aus, um das mit dem rasch laufenden Elektromotor stets verbundene Geräusch zu vermeiden.

Solche pneumatische Türbewegungsvorrichtungen arbeiten mit 4—5 at. Wichtig ist dabei, daß der Druck möglichst gleich bleibt. Deshalb wird die Einrichtung so getroffen, daß der Kompressor einen Druck von etwa 10 at liefert; dieser Druck wird über ein Reduzierventil auf einen gleichbleibend bestimmten Betriebsdruck von beispielsweise 4 at heruntergesetzt.

c) Schließvorrichtung mit Schließfeder. — Es ist auch möglich, die Anordnung so zu treffen, daß die Tür von Hand geöffnet, aber durch eine bei der Öffnungsbewegung angespannte Schließfeder geschlossen wird. Eine solche Anordnung meiner Ausführung der Otis-Aufzugswerke zeigt Abb. 50. Die Schließfeder sitzt, wie aus der Abbildung ersichtlich ist, in einem Zylinder, der eine Dämpfungsvorrichtung enthält. Mit dem Bewegungsgestänge ist noch ein Türkontakt (oben links) verbunden.

Anhang.

Änderungen der „Technischen Grundsätze für den Bau von Aufzügen" seit 1926.

Erste Änderung [1].

1. Die **Ziffer 21** wird durch folgenden zweiten ergänzt:

„Bei Aufzügen, die zur Feineinstellung durch einen besonderen Motor angetrieben werden, muß entweder ein besonderer Notendausschalter oder der Notendausschalter des Haupttriebwerkes oberhalb bzw. unterhalb der Endhaltestellen den Kraftstromkreis des Hilfstriebwerkes unmittelbar und zwangläufig unterbrechen. Für die Kontaktanordnung sinngemäß das gleiche wie in Abs. 1."

2. Die **Ziffer 31** erhält unter a folgende neue Fassung:

„Der Fahrkorb ist mit Wänden und an den Ladeseiten mit Verschlußtüren, Aufsetzgittern od. dgl. zu versehen, die so beschaffen sein müssen, daß das Ladegut nicht über den vom Fahrkorb bestrichenen Raum hinausragen oder aus dem Fahrkorb herausfallen kann. Die Fahrkörbe betretbarer Lastenaufzüge müssen im Lichten mindestens 1,8 m hoch sein."

Zweite Änderung [2].

1. Die **Ziffer 23** erhält folgende neue Fassung:

Die Bewegung des Triebwerkes muß unmittelbar oder mittelbar zwangläufig verhindert sein, solange nicht alle Fahrschachttüren geschlossen und gesperrt sind. Jede Fahrschachttür muß gesperrt sein, solange sich der Fahrkorbfußboden außerhalb eines Überfahrweges von 16 cm oberhalb oder unterhalb des Geschoßfußbodens befindet und solange die Steuerung des Triebwerkes eingeschaltet ist.

Drehtüren müssen durch ein besonderes Sperrmittel in unmittelbarer Nähe des Türverschlusses oder am Türverschluß selbst gesperrt werden.

Abweichend von Abs. 1 ist bei elektrisch betriebenen Aufzügen die Bewegung des Triebwerkes zum genauen Einsteuern des Fahrkorbes (Feineinstellung) innerhalb des Überfahrweges auch bei offener Tür zulässig, wenn die Fahrgeschwindigkeit nicht mehr als 0,3 m/sec beträgt und das Überschreiten der Grenzen des Überfahrweges zwangläufig verhindert ist.

Abweichend von Abs. 2 dürfen sich willkürlich betätigte Sperreinrichtungen von Fahrschachttüren (z. B. Handhebelverschlüsse) auch bei eingeschalteter Steuerung, aber nur vom Fahrkorb aus entriegeln lassen, wenn sich dessen Fußboden innerhalb des vorgeschriebenen Überfahrweges befindet.

Erläuterung des Deutschen Aufzugsausschusses zu Ziffer 23 [3].

Allgemein ist eine Bewegung zwangläufig verhindert,

a) wenn ihre Einleitung über eine Folge starrer, nicht ausrückbarer Verbindungsglieder verhindert ist (unmittelbar verhinderte Bewegung) oder

b) wenn ihre Antriebskraft durch eine zwangläufig betätigte Vorrichtung aufgehoben oder unwirksam gemacht ist (mittelbar zwangläufig verhinderte Bewegung).

Als starre Verbindungsglieder gelten auch Seile, Bänder, Ketten od. dgl., wenn sie nur auf Zug beansprucht werden.

Über zwangläufig durchgeführte Bewegungen vgl. Erläuterung zu Ziffer 24 b, Abs. 4.

Im besonderen ist die Bewegung der Triebwerke zwangläufig verhindert, wenn

a) bei Handaufzügen die Bewegung des Triebwerkes selbst oder seines Antriebsmittels (Haspelseil, Kurbel od. dgl.) zwangläufig verhindert ist;

b) bei mechanisch gesteuerten Aufzügen das Einrücken der Steuerorgane (Steuerseil, Steuergestänge od. dgl.) zwangläufig verhindert ist;

c) bei elektrisch gesteuerten Aufzügen, entweder das Einrücken der Steuerorgane z. B. des Steuerhebels zwangläufig verhindert ist oder durch zwangläufige Unterbrechung des Kraft- oder Steuerstromes der Bremslüfter und der Triebwerksmotor abgeschaltet sind.

Abs. 1 der Vorschrift ist erfüllt, wenn bei Beginn der Bewegung des Triebwerkes sämtliche Fahrschachttüren gesperrt sein müssen und wenn während der Bewegung des Triebwerkes das Ausrücken einer Sperrvorrichtung das Triebwerk zwangläufig stillsetzt. Es muß daher nicht nur die Fahrschachttür, hinter welcher der Fahrkorb bei der Erteilung eines Steuerkommandos hält, vor Beginn der Fahrt gesperrt werden, sondern es muß auch jede andere Fahrschachttür zu dieser Zeit noch gesperrt sein.

---

[1] Veröffentlicht im Deutschen Reichs- und Preußischen Staatsanzeiger Nr. 64 vom 16. März 1929.
[2] Veröffentlicht im Deutschen Reichs- und Preußischen Staatsanzeiger Nr. 131 vom 8. Juni 1929.
[3] Vgl. auch den Abschnitt: Türverriegelungen, Allgemeines auf S. 27 u. S. 37.

Im Sinne des Absatz 3 der Anmerkung vor Ziffer 23 ist eine Tür gesperrt, wenn sie geschlossen und ein Sperrmittel (Sperriegel, Sperrscheibe, Sperrhebel od. dgl.) in die Tür selbst oder deren Verschluß eingerückt ist. Es ist daher nicht grundsätzlich zu fordern, daß bei Bauarten, die zur Erfüllung der Ziffer 23 Abs. 1 und 2 zwei voneinander unabhängige Sperrmittel verwenden — nämlich ein Sperrmittel, das abhängig von der Steuerung (Steuersperre, Zentraltürverriegelung, Durchfahrtsperre) und ein zweites Sperrmittel, das abhängig vom Fahrkorb (Fahrkorbsperre) die Tür oder deren Verschluß sperrt —, beide Sperrmittel vor Beginn der Fahrt eingerückt werden. Notwendig ist aber, daß spätestens beim Verlassen des Überfahrweges entweder das Sperrmittel zur Erfüllung des Abs. 2 (Fahrkorbsperre) zwangläufig eingerückt wird oder die weitere Bewegung des Triebwerkes zwangläufig verhindert ist, wenn dieses Sperrmittel nicht rechtzeitig eingerückt wird. — Die Fahrkorbsperre ist durch eine Feder oder ein Gewicht in der Sperrstellung zu halten.

Bei ein- oder zweiflügeligen Drehtüren muß der Türverschluß entweder seitlich in ungefähr halber Höhe oder aber oben und unten eingreifen. Für die Türsperrung gilt das gleiche, wenn sie nicht den Türverschluß selbst sperrt. — Würden Drehtüren nicht durch ein besonderes Sperrmittel in unmittelbarer Nähe des Türverschlusses oder am Türverschluß selbst, d. h. durch Sperren des Türverschlusses, sondern an anderer Stelle gesperrt werden (z. B. nur an ihrem oberen Teil durch eine Klappe), so würde bei einem Versuch, die noch gesperrte Tür zu öffnen, diese auffedern und den Eindruck hervorrufen, als ob sie klemmt. Durch den vom Türverschluß bis zur Sperrstelle verfügbaren Hebelarm würde sich die Tür dann bei Anwendung von Gewalt verbiegen und gegebenenfalls aufreißen lassen. Bei Schiebetüren, deren Bauart das geschilderte Auffedern und Verbiegen in der Regel ausschließt, kann der Eingriff sowohl des Türverschlusses als auch der Türsperrung an beliebiger Stelle erfolgen.

Für die Anwendung des Abs. 4 ist es gleichgültig, ob der Antrieb zur Feineinstellung durch ein besonderes Triebwerk oder durch das Haupttriebwerk und ob er mit verminderter Fahrgeschwindigkeit oder mit der nicht über 0,3 m/sec liegenden Betriebsgeschwindigkeit erfolgt. Ebenso kann die Steuerung zur Feineinstellung willkürlich oder selbsttätig erfolgen.

Das Überschreiten der Grenzen des Überfahrweges ist bei der Feineinstellung zwangläufig verhindert, wenn spätestens an den Enden des Überfahrweges jeder Haltestelle der Haupt- oder Steuerstromkreis des Feineinstellungsantriebes zwangläufig unterbrochen wird. Als Unterbrecher dienende Kontakte (Schleifkontakte, die ihre Schleifschienen verlassen; Schalterkontakte od. dgl.) gelten als Sicherheitskontakte im Sinne der Ziffer 24 b und c.

Hierher gehört noch:
Auskunft 86 des deutschen Aufzugsausschusses.
Betr.: Türverriegelung für senkrecht bewegliche Schiebetüren.
T. G. Ziffer 23.

Anfrage: An Aufzügen zur Beförderung von Fuhrwerken, Automobilen od. dgl. werden als Fahrschachttüren senkrecht bewegliche, schwere Schiebetüren verwendet, die durch die Schwerkraft geschlossen gehalten werden und nur mit einem Kraftaufwand von etwa 40 kg geöffnet werden können. Ihre betriebsmäßige Bedienung erfolgt daher durch eine Türschließmaschine, die nur vom Fahrkorb aus gesteuert werden kann. Ist es zulässig, bei Türen dieser Art von einer Türverriegelung abzusehen?

Auskunft: Es bestehen keine grundsätzlichen Bedenken, für Fahrschachttüren, die nur mit einem ungewöhnlichen Kraftaufwand von außen geöffnet werden können und nicht mit Handgriffen od. dgl. zur Bedienung von außen versehen sind, Türsicherungen zuzulassen, die abweichend von den T.G. Ziffer 23 Abs. 1 die Bewegung des Triebwerkes nur so lange zwangsläufig verhindern, als die Türen nicht geschlossen sind. Auf eine Sperrung dürfte verzichtet werden können.

Die Genehmigung zur Zulassung ist im Einzelfall einzuholen.

2. **Die Ziffer 24 erhält unter Fortfall des bisherigen Absatzes d folgende neue Fassung:**
Für elektrisch betriebene Aufzüge gilt ferner:

a) Das Anlassen des Triebwerkes durch die Steuerorgane darf nur über die Anlaßstellung der Steuerung möglich sein.

Bei Ausbleiben der Netzspannung oder Stromloswerden des Steuerstromkreises muß die Steuerung entweder selbsttätig in die Haltstellung zurückgehen oder der Kraftstromkreis so unterbrochen werden, daß er erst von der Anlaßstellung der Steuerung aus wieder geschlossen werden kann.

b) Alle Sicherheitskontakte müssen durch Öffnen eines Stromkreises wirken und zwangläufig unterbrochen werden.

c) Wenn für die Steuerung ein Nulleiter benutzt wird, so müssen die Sicherheitskontakte am Anschluß des Außenleiters und die abzuschaltenden Apparate zwischen dem Sicherheitskontakt und dem Nulleiter liegen.

d) Bei Aufzügen mit Fahrkorb ohne Aussteigeöffnung in der Decke muß an einer der Schachttüren eine Einrichtung (z. B. Kurzschließvorrichtung) vorhanden sein, die bewirkt, daß der Aufzug beim Offenbleiben dieser Tür betrieben werden kann, um zwecks Vornahme von Instandsetzungsarbeiten innerhalb des Fahrschachtes auf die Fahrkorbdecke gelangen zu können.

Diese Einrichtung ist unter Verschluß zu halten und darf nur durch ein besonders geformtes Hilfsmittel betätigt werden können, dessen Entfernen oder Loslassen die Steuersperrung selbsttätig wieder in Wirksamkeit setzt. Bartschlüssel müssen eine andere Form als die Fahrschachttürschlüssel haben.

Erläuterung des Deutschen Aufzugsausschusses zu Ziffer 24:
Zu a): Steuerorgane sind Steuerseile, Steuergestänge, Steuerhebel, Druckknöpfe u. dgl.
Die Haltstellung der Steuerung (Nullstellung, Ausschaltstellung, Mittelstellung der Steuerung, von der aus das Triebwerk in gleicher Weise zur Aufwärts- und Abwärtsfahrt angelassen werden kann.

Anhang.

Die Anlaßstellung der Steuerung ist — von der Haltstellung ausgehend — die erste Einschaltstufe der Steuerung für die Aufwärts- od. Abwärtsfahrt.

Die Vorschrift soll verhindern, daß das Triebwerk unvermutet anläuft, wenn es durch Ausbleiben der Netzspannung oder durch irgendeine willkürliche, selbsttätige oder fehlerhafte Unterbrechung des Steuerstromkreises stillgesetzt ist und die Ursache des Stromloswerdens wieder behoben wird. Sie gilt nicht für den Antrieb zur Feineinstellung.

Die Vorschrift soll für elektrisch gesteuerte Aufzüge mit Hebel- und Druckknopfsteuerungen in der Regel dadurch erfüllt werden, daß die elektrischen Steuerapparate mit dem Stromloswerden in ihre Haltstellung zurückgehen und die Steuerorgane (Druckknöpfe oder Steuerhebel) durch Federn in ihre Haltstellung zurückgeführt werden. Bei mechanisch gesteuerten Aufzügen, deren Steuerorgane nicht durch Federn od. dgl. in ihre Haltstellung zurückgeführt werden können (z. B. Aufzüge mit Seil- oder Gestängesteuerungen oder Kontrollsteuerungen der üblichen Bauart), kann der Forderung dadurch nachgekommen werden, daß in die Steuerung ein Hauptstromschütz eingeschaltet wird, welches nur in der Anlaßstellung der Steuerung anspricht, sich auf den übrigen Einschaltstufen eingeschaltet hält und mit dem Stromloswerden abfällt. Das gleiche gilt bei elektrisch gesteuerten Aufzügen dieser Art, z. B. bei Aufzügen mit Stöpselsteuerungen und solchen Hebelsteuerungen bei denen der Steuerhebel mit Rücksicht auf seine Einstellbarkeit auf verschiedene Schaltstellungen (z. B. Zweimotorenschaltung und Leonard-Schaltung) ohne Rückstellfeder ausgeführt werden muß.

Zu b): Jn der Regel gelten nur folgende Kontakte als Sicherheitskontakte:

1. Endausschalter für den Haupt- oder Steuerstrom der Triebwerke, die nicht zur betriebsmäßigen Abstellung der Triebwerke dienen (Ziffer 21, 62 usw.).
2. Ausschalter für den Haupt- oder Steuerstrom zur Feineinstellung, die das Überschreiten der Grenzen des Überfahrweges an den einzelnen Haltestellen verhindern sollen (Ziffer 23 Abs. 4).
3. Kontakte zur Überwachung der Fahrschacht- und Fahrkorbtüren und der Verschlüsse und Sperrvorrichtungen dieser Türen (Türkontakte — Ziffer 23 ff., 30 b, 63 ff.).
4. Kontakte zur Überwachung des Verriegelungsgestänges (Zentralkontakte).
5. Schlaffseil- und Fangkontakte (Ziffer 22).
6. Reglerkontakte (Erläuterung zu Ziffer 14).
7. Haltekontakte (Nothalteknöpfe — Ziffer 25 b Satz 3, Ziffer 50).

Die Kontakte unter Nr. 1 bis 7 gelten ausnahmsweise dann nicht als Sicherheitskontakte im Sinne der Ziffer 24 b, wenn

a) sie auf Grund der Vorschriften nicht grundsätzlich zu fordern sind, und

b) sie auf Grund der Bauart oder der besonderen örtlichen Verhältnisse der Anlage nicht erforderlich sind, und

c) ihre von den Vorschriften für Sicherheitskontakte abweichende Ausführung oder Anordnung neue Gefahren nicht mit sich bringen kann.

Hier nicht aufgeführte Kontakte gelten ausnahmsweise dann als Sicherheitskontakte, wenn sie auf Grund der Bauart oder der besonderen örtlichen Verhältnisse zur Verhütung von Unfällen erforderlich sind.

Allgemein wird eine Bewegung (z. B. die Ausschaltbewegung von Sicherheitskontakten) zwangläufig durchgeführt, wenn sie in jedem Punkt ihrer Bahn über eine Folge starrer, nicht ausrückbarer Verbindungsglieder herbeigeführt wird und eindeutig bestimmt ist. — Die Zwangläufigkeit der Durchführung muß auch dann vorhanden sein, wenn die Bewegung betriebsmäßig vorauseilend durch eine Feder od. dgl. herbeigeführt wird. — Als starre Verbindungsglieder gelten auch Seile, Bänder, Ketten od. dgl., wenn sie nur auf Zug beansprucht werden. — Überzwangläufig verhinderte Bewegungen vgl. Erläuterungen zu Ziffer 23 Abs. 1.

Alle Kontakte müssen durch Bauart und Baustoff Gewähr dafür bieten, daß auch bei normaler Abnutzung die Zwangläufigkeit gewahrt bleibt.

Steuerungen sind unzulässig, bei denen durch die Betätigung eines Sicherheitskontaktes ein Stromkreis nicht unterbrochen, sondern geschlossen wird, wobei ein Relais od. dgl. erregt wird, welches das Öffnen der Steuerkontakte bewirkt. Bei solchen Anordnungen besteht z. B. die Gefahr, daß infolge von Kurz- oder Erdschlüssen das Relais nicht erregt wird, oder daß bei längeren Störungen die Relaiswicklung verbrennt, oder daß die Relaiskontakte festbrennen, so daß der Aufzug nicht zum Stillstand kommt oder seine Ingangsetzung nicht unterdrückt wird.

Sicherheitskontakte müssen so gebaut und angeordnet sein, daß sie nicht nur durch eine Feder od. dgl., sondern zwangläufig unterbrochen werden. Namentlich die im Fahrschacht und am Fahrkorb angebrachten Kontakte können sich sonst infolge von Verschmutzung festsetzen und nicht mehr zur Wirkung kommen.

Zu c): Würde man die Sicherheitskontakte unmittelbar an einen geerdeten Mittelleiter legen, so bestände die Möglichkeit, daß sie durch einen zwischen ihnen und den Magnetwicklungen der Relais oder der sonstigen magnetisch betätigten Schalter auftretenden Erdschluß direkt überbrückt und dadurch unwirksam gemacht würden. Werden dagegen die Magnetwicklungen unmittelbar an den Nulleiter gelegt, so führt ein Erdschluß zu einer Überbrückung der Wicklungen und setzt die Anlage selbsttätig still, so daß keinerlei Gefahr besteht.

Zu d): Bei Instandsetzungsarbeiten innerhalb des Fahrschachtes wird zweckmäßig unter Benutzung der Kurzschließvorrichtung wie folgt verfahren:

Bei Personenaufzügen besteigt der Helfer den Fahrkorb, der Monteur betätigt die Kurzschließvorrichtung. Der Helfer fährt bei offener Schachttür den Fahrkorb mit seiner Decke in Geschoßfußbodenhöhe. Der Monteur läßt die Kurzschließvorrichtung los, besteigt die Fahrkorbdecke und schließt die Schachttür. Der Helfer fährt jetzt den Monteur nach jeder beliebigen Stelle, indem er (gegebenenfalls unter Benutzung des Nothalteknopfes) die Steuerung in normaler Weise betätigt. Die Außensteuerung des Selbstfahrers ist durch das den beweglichen Fußboden belastende Gewicht des Helfers abgeschaltet, die Außensteuerung des Umstellaufzuges ist von Hand durch den im Fahrkorb befindlichen Schalter unwirksam gemacht.

Bei Lastenaufzügen, die nur von außen steuerbar sind, besteigt der Monteur die Fahrkorbdecke unter Betätigung der Kurzschließvorrichtung wie bei Personenaufzügen. Der Helfer steuert nun den Aufzug am besten im Maschinenraum. Nach jedesmaliger Beförderung des Monteurs an die gewünschte Stelle unterbricht der Helfer durch den Hauptschalter die Gesamtstromführung, so daß jede Betätigung der Steuerung durch dritte unwirksam bleibt.

3. In der **Ziffer 25** wird unter e der erste Absatz gestrichen.

Erläuterung des deutschen Aufzugsausschusses zu Ziffer 25.

Zu a): Bei Schachttüren von Personenaufzügen sind Verschlüsse mit außen fest angebrachter Klinke, einem Knebel od. dgl. unzulässig, wenn hierdurch die Schachttür, hinter der der Fahrkorb hält, unmittelbar geöffnet werden kann. Unter „besonders geformt" wäre ein Bartschlüssel zu verstehen, der ungefähr wie ein gewöhnlicher Türschlüssel beschaffen sein kann. Einfache Aufsteckdornschlüssel (Drei- oder Vierkantschlüssel) sind nicht zulässig.

Zu c): Der grundsätzliche Unterschied zwischen den hier behandelten Aufzugsarten ist folgender:

Der Selbstfahrer ist nur Personenaufzug, den bestimmte Personen auch ohne Führer benutzen dürfen, und dessen leerer Fahrkorb von außen von jeder nach jeder Haltestelle gesandt und herangeholt werden kann. Um die den Selbstfahrer benutzenden Personen davor zu schützen, daß das im Fahrkorb gegebene Steuerkommando durchkreuzt wird, muß die Außensteuerung abgeschaltet werden, sobald der Fahrkorb betreten wird. Dies hat selbsttätig zu geschehen, da meist ohne Führer gefahren wird und große Umsicht in der Handhabung besonderer Schalter vom Publikum nicht verlangt werden kann. Das selbsttätige Abschalten der Außensteuerung geschieht meist durch Kontakte, die von dem beweglich ausgebildeten Fahrkorbfußboden abhängig sind.

Zu d): Der Umstellaufzug soll für Fabriken, Lagerhäuser u. dgl. Verwendung finden, in denen das Bedürfnis vorliegt, wechselnd Personen und Lasten mit Führer und Lasten ohne Führerbegleitung zu befördern. Bei Mitfahren des Führers kann dieser durch Abschalten der Außensteuerung im Fahrkorb schon vor Schließen der Fahrschachttüren dafür sorgen, daß nicht von irgend einem Stockwerk aus der Fahrkorb ein unerwünschtes Steuerkommando erhält.

Zu e): Die hier erwähnten Handhebelverschlüsse ermöglichen bei Führeraufzügen eine Vereinfachung der Steuerung dadurch, daß die bei Selbstfahrern und Umstellaufzügen erforderliche selbsttätige Sperrung der Schachttürverschlüsse, die meist durch ein im Schacht entlang geführtes, von einem Magneten bewegtes Gestänge erfolgt, durch Betätigung der Sperrung von Hand ersetzt wird. Bei Anwendung der Handhebelverschlüsse ist also eine selbsttätige Durchfahrsperre nicht erforderlich. Da aber Handhebelverschlüsse ein Außereingriffbringen der Verriegelungssperrungen während der Vorbeifahrt von innen zulassen, so muß dafür gesorgt sein, daß in diesem Falle der Fahrkorb zur Ruhe kommt. Das Wiederingangsetzen darf nur erfolgen können, nachdem die Verriegelungssperrung wieder zum Eingriff gebracht ist. Demnach ist bei Knopf- oder Hebelsteuerung bei den durch Handhebel betätigten Verriegelungssperrungen ein im Steuerstromkreis liegender Kontakt erforderlich, dessen sichere Wirkung besonders wichtig ist.

Da die durch Handhebelverschlüsse gesicherten Fahrschachttüren von außen auch dann nicht geöffnet werden können, wenn zwar der Fahrkorb in gleicher Höhe mit Geschoßfußboden hinter ihnen zur Ruhe gekommen ist, aber nicht eine im Fahrkorb befindliche Person den Handhebel zurückschiebt, so besteht die Gefahr, daß der Führer oder Personen, die durch einen Unfall verhindert sind, den Handhebel zu betätigen, von außen nicht aus dem Fahrkorb befreit werden können. Um diesem Mißstande zu begegnen, müssen die Türen an den Endstellungen des Fahrkorbes die Möglichkeit zulassen, das Entriegeln der in Frage kommenden Schachttür auch von außen vorzunehmen. Dies wird erreicht durch eine verschließbare Öffnung an den Schachttüren in den Endstellungen des Fahrkorbes oder aber durch ein abschraubbares Deckstück der Türverschlußvorrichtung, wodurch das Betätigen des Handhebelverschlusses von außen ermöglicht wird. Unter „besonderen Werkzeugen" ist nicht eine besonders angefertigte Vorrichtung zu verstehen. Das Deckstück od. dgl. soll nur nicht ohne Anwendung von Werkzeug, also z. B. nur durch Abschrauben von Flügelmuttern od. dgl. von einem Unberufenen entfernt werden können.

Eine wichtige Ausnahmebestimmung zu Ziffer 25a ist in dem Gutachten 58 des Deutschen Aufzugsausschusses enthalten, wo es heißt:

Abweichend von Ziffer 25a der „Technischen Grundsätze" ist es im Einverständnis mit dem Sachverständigen zulässig, bei allen Aufzügen, die als Selbstfahrer von der Polizeibehörde zugelassen sind und zugelassen werden (vgl. A.V. § 10 II b), den Türverschluß der Fahrschachttüren an der untersten Haltestelle versuchsweise so einzurichten, daß die Tür ohne besonders geformten Schlüssel geöffnet werden kann. Der Heranholkontakt ist dann als Druckknopf auszubilden. Diese Erleichterung kann auf besonderen Antrag auf alle Fahrschachttüren eines Selbstfahrers ausgedehnt werden, wenn derselbe seiner Lage nach nur wenigen Personen zur Benutzung dient (z. B. Aufzüge in Einzelhäusern).

Es wird empfohlen, die Türgriffe zum Öffnen der Türverschlüsse so auszuführen (z. B. als Knaufgriffe), daß ein übermäßiges Reißen und Rütteln am Türverschluß verhindert ist. Bei ganz geschlossenen Fahrschächten ist außerdem eine sofort ins Auge fallende Anzeigevorrichtung für den Stand des Fahrkorbes anzubringen.

Anhang.

Der Umbau alter Anlagen ist nur zulässig, wenn die Türverschlüsse dem heutigen Stand der Technik entsprechen.

Erläuterung: Die meisten Selbstfahrer, für die das Bedürfnis nach allgemeiner Zugänglichkeit besteht, liegen in Wohn- und Geschäftshäusern und werden vorwiegend zur Aufwärtsfahrt von der untersten Haltestelle aus benutzt. Es ist daher in den meisten Fällen für das Verkehrsbedürfnis ausreichend und zugleich für die Sicherheit unbedenklich, wenn in der Regel nur für die Fahrschachttüren der untersten Haltestelle die gewünschte Erleichterung gewährt wird.

Die Zulassung des Umbaues alter Anlagen erscheint unter der angegebenen Voraussetzung wünschenswert, um rasch zu einem abschließenden Urteil über diese Bauweise zu kommen.

Zu Ziffer 28: Der Deutsche Aufzugsausschuß hat widerruflich auf Grund des § 16 Abs. II der Aufzugsverordnung mit Wirkung für alle Aufzugsbauarten folgende allgemeine Ausnahme von Ziffer 28 der Technischen Grundsätze für den Bau von Aufzügen beschlossen:

In Abweichung von der in Ziffer 28 a.a.O. vorgeschriebenen Befestigungsart der Tragmittel am Fahrkorb und Gegengewicht dürfen auch sogenannte Seilschlösser verwendet werden, bei denen das Seil in einer Schlaufe um einen selbsthemmenden Keil gelegt und derartig durch eine diesem Keil angepaßte Hülse gezogen wird, daß das freie Seilende neben dem tragenden am oberen Ende der Hülse austritt. Durch die Belastung des Seiles wird der Keil selbsthemmend in die Hülse eingeklemmt, so daß er auch bei entlastetem Seil nicht mehr herausfallen kann.

Die Ausnahme wird an folgende Bedingungen geknüpft:

1. Der Keilwinkel der Hülse und des eingelegten Keiles dürfen nicht größer als 15° sein.
2. Die Länge der Mantellinien, in denen der Keil im Seilschloß auf das Seil drückt, muß auf jeden Schenkel des Keiles mindestens das sechsfache des Seildurchmessers betragen.
3. Das freie Seilende ist mit einer Seilschelle oberhalb des Seilschlosses an dem tragenden Seilstrang zu befestigen.
4. Bei Einbau an Stellen, die dem Witterungseinfluß ausgesetzt sind, ist der obere Rand des Seilschlosses mit einem haltbaren säurefreien Fett auszufüllen. Das Fett ist regelmäßig zu erneuern.

4. In die **Ziffer 29** wird folgender Absatz e neu eingefügt:

e) Die Fahrkorbböden sind in der Breite der Schachtzugänge mit einem mindestens 20 cm hohen Schutz zu versehen, der beim Anhalten in der oberen Hälfte des Überfahrweges zwischen Fahrkorbboden und Türschwelle freiwerdenden Spalt abdeckt.

Zu Ziffer 33: Der Deutsche Aufzugsausschuß hat widerruflich auf Grund des § 16 Abs. II der Aufzugsverordnung für Treibscheibenaufzüge mit Belastungsausgleich zwischen den Seilen folgende allgemeine Ausnahme von Ziffer 33 Abs. I der Technischen Grundsätze für den Bau von Aufzügen beschlossen:

„Bei Treibscheibenaufzügen, deren Tragmittel ausgleichend an der Belastung teilnehmen (s. T.G. Ziffer 27), ist die Vorrichtung zur Erfüllung der Technischen Grundsätze Ziffer 33 Abs. I Satz 1, die bei Bruch oder Lösung aller Tragmittel die Fangvorrichtung sofort in Wirksamkeit setzt, nicht erforderlich."

Inwieweit bei Trommelaufzügen Erleichterungen von der Erfüllung der Ziffer 33 Abs. I a.a.O. ausnahmsweise zulässig sind, muß der Entscheidung im Einzelfalle nach der Aufzugsverordnung § 16 Abs. I überlassen bleiben.

Die Bestimmung der Technischen Grundsätze Ziffer 33 Abs. I, daß die Fangvorrichtung von Aufzügen, deren Tragmittel ausgleichend an der Belastung teilnehmen, bei Bruch oder Dehnung eines Tragmittels ausgelöst werden muß, bleibt unberührt, ebenso die für Treibscheibenaufzüge mit federnder Aufhängung geltenden Ausnahmevorschriften (vgl. Erläuterungen zu Ziffer 27 Abs. 3 a. a. O.).

Eine endgültige Regelung ist gelegentlich der nächsten der Technischen Grundsätze in Aussicht genommen."

Der **Teil E:** Maschinell angetriebene Bauaufzüge (§ 2, Nr. 8) erhält folgende Neufassung:

A. Allgemeine Vorschriften.

I. Unterer Zugang.

Ziffer 81: Die an den Ladestellen Beschäftigten sind durch ein Schutzdach gegen abstürzende Gegenstände zu sichern, außerdem ist der gesamte gefährdete Raum abzusperren.

II. Geschwindigkeit.

Ziffer 82: Die Betriebsgeschwindigkeit des Fördergerätes darf nicht mehr als 1,5 m/sec betragen, ausgenommen ist die Senkgeschwindigkeit bei Muldenaufzügen ohne Zugangsstellen und bei solchen Bauaufzügen, bei denen die Tragkraft der Winde 600 kg nicht übersteigt.

III. Triebwerk.

Ziffer 83: Das Triebwerk und der Bedienungsstand sind in mindestens 2 m Höhe durch ein Dach gegen abstürzende Gegenstände zu sichern und so anzuordnen, daß bei Betätigung der Steuerung wenigstens die untere Ladestelle übersehen werden kann.

Das Dach muß wasserdicht sein.

Ziffer 84: Für die Bremseinrichtung müssen folgende Vorschriften erfüllt sein:

a) Triebwerksbremsen müssen so eingestellt sein, daß sie das Fördergerät auch bei doppelter Nutzlast aus der Abwärtsfahrt ohne Stoß abbremsen.

b) Handbremsen müssen mit dem Loslassen des Bremshebels selbsttätig einfallen und so eingerichtet sein, daß die Bremskraft bei ordnungsmäßiger Bedienung nicht über das vorgeschriebene Maß gesteigert werden kann.

c) Sperrklinken sind als Feststellvorrichtungen unzulässig.

d) Bei Bauaufzügen mit begrenzter Senkgeschwindigkeit (vgl. Ziffer 82) muß bei Haltstellung der Steuerung die Bremse zwangsweise oder selbsttätig zur Wirkung kommen.

Ziffer 85: Das Aufsteigen des Förderseiles an den Trommelrändern muß verhindert sein.

IV. Tragmittel.

Ziffer 86: Für Fördergerät und Gegengewicht genügt ein Tragmittel. Sind mehrere Tragmittel vorgesehen, so müssen sie gleichmäßig an der Belastung teilnehmen.

V. Fördergerät.

Ziffer 87: Fördergeräte müssen so umwehrt sein, daß das Ladegut nicht abstürzen kann. Werden Wagen auf die Plattform des Fördergerätes gerollt, so muß eine nicht wegnehmbare Feststellvorrichtung für die Wagen vorgesehen sein.

VI. Fang- und Aufsetzvorrichtungen.

Ziffer 88: Betretbare Fördergeräte müssen Fangvorrichtungen oder Aufsetzvorrichtungen haben. Ein Fördergerät gilt als nicht betretbar, wenn die Zugangsöffnung im Schacht vom Fußboden gemessen nicht über 1,3 m hoch ist oder das Fördergerät lediglich zur Aufnahme eines dazu bestimmten Transportmittels (Lore, Kiepe, Traglast u. dgl.) dient, welches seine Bodenfläche fast vollständig einnimmt oder aber die Form des Fördergerätes selbst ein Betreten ausschließt.

Ziffer 89: Die Fangvorrichtung darf durch das Ladegut in ihrer Wirkung nicht behindert werden können. Aufsetzvorrichtungen müssen zur Wirkung gekommen sein, bevor das Fördergerät betreten werden kann.

VII. Anzeigevorrichtung.

Ziffer 90: Der Stand des Fördergerätes muß am Bedienungsstand unmittelbar oder mittelbar (z. B. durch Seilmarken) erkennbar sein.

VIII. Schilder.

Ziffer 91: Jeder Aufzug hat an der Winde und am Fördergerät an sichtbarer Stelle je ein Schild zu tragen.

a) Das Schild an der Winde muß den Namen des Herstellers, das Jahr der Fertigung, die Fabriknummer, die Tragkraft der Winde, den Durchmesser des zugehörigen Seiles und die Hubgeschwindigkeit bei einer bestimmten Drehzahl der Antriebswelle,

b) das Schild am Fördergerät den Namen des Herstellers, das Jahr der Fertigung, die Fabriknummer und die zulässige Belastung angeben.

Ziffer 92: Bei betretbaren Bauaufzügen ist an jeder Ladestelle ein Warnungsschild mit folgender Aufschrift anzubringen.

„Vorsicht! Aufzug!
Tragkraft ... kg
Personenbeförderung verboten."

Bei nicht betretbaren Aufzügen:

„Vorsicht! Aufzug!
Tragkraft ... kg
Betreten des Fördergerätes verboten."

B. Besondere Bestimmungen für Plattformbauaufzüge mit Schachtgerüst.

IX. Schachtgerüste.

Ziffer 93: Für Schachtgerüste kann der Nachweis der Beanspruchung der hauptsächlich tragenden Teile (Festigkeitsberechnung) von dem zuständigen Sachverständigen gefordert werden. Freistehende Schachtgerüste sind durch Drahtseile oder sonstige Vorkehrungen zu sichern.

Im Verkehrsbereich liegende Teile des Aufzuges sind so zu umwehren, daß Menschen nicht zu Schaden kommen können.

X. Fahrschachtzugänge.

Ziffer 94: Benutzbare Zugänge von Schachtgerüsten betretbarer Bauaufzüge müssen Türen erhalten, deren Höhe mindestens 1,80 m beträgt. Die Türen können aus Drahtgeflecht von nicht mehr als 2 cm Maschenweite oder aus Stäben hergestellt sein, deren lichter Abstand 2 cm nicht überschreiten darf. Die Türen müssen mit einer vom Fahrkorb betätigten Verriegelung versehen sein. Schiebetüren, die vom Fahrkorb zwangsweise bewegt werden, sind ohne Verriegelung zulässig. Senkrecht bewegliche, vom Fahrkorb abhängige Schiebetüren (Hubgitter) dürfen sich mit mindestens 0,3 m/sec Geschwindigkeit bewegen.

Ziffer 95: Nicht benutzte Zugänge sind so zu verschließen, daß ein Hineinbeugen und ein Abstürzen in den Fahrschacht verhindert ist.

Ziffer 96: Bei nicht betretbaren Bauaufzügen sind Einrichtungen (Bordbrett od. dgl.) vorzusehen, die ein Abstürzen in den Fahrschacht durch Ausgleiten u. dgl. nach Möglichkeit verhindern.

XI. Steuerung.

Ziffer 97: Steuervorrichtungen dürfen nur außerhalb des Fahrschachtes, Stockwerkseinstellungen auch innerhalb des Schachtes oder am Fördergerät angebracht werden.

XII. Gegengewichte.

Ziffer 98: Gegengewichte müssen aus einem Stück oder aus mehreren sicher und unverrückbar miteinander verbundenen Teilen bestehen, geführt und so angeordnet werden, daß sie ihre Führung am oberen und unteren Ende nicht verlassen können.

C. Besondere Bestimmungen für Bauaufzüge ohne Schachtgerüst.

XIII. Umwehrung.

Ziffer 99: In jedem Stockwerk muß, falls nicht in anderer Weise für die Absperrung der Fahrbahn gesorgt ist, ein 1 m hohes Geländer vorgesehen sein, welches die Fahrbahn allseitig in solchem Abstand umgibt, daß Menschen an diese nicht herangelangen können. Unter der Geländerumwehrung muß ein Bordbrett angebracht sein. Nur an der Zugangsseite zum Fördergerät darf sich das Geländer öffnen lassen. Der bewegliche Geländerteil darf nicht weggenommen werden können. An der Ladestelle muß die Fahrbahn, wenn ausschließlich Traglasten befördert werden, durch eine mindestens 0,60 m hohe Schutzwand verkleidet sein.

Allgemeine Ausnahme für Schachttürverriegelung an Aufzügen mit zwei Haltestellen (T.G. Ziffer 23)[1].

„Bei elektrisch gesteuerten Umstellaufzügen und Lastenaufzügen (AV. § 2 Nr. 3 und 5) und mit nur zwei Haltestellen und nicht mehr als 5 m Förderhöhe und bei Bahnhofaufzügen für die Beförderung von Gepäck od. dgl. mit zwei Haltestellen und beliebiger Förderhöhe ist abweichend von Ziffer 23 Abs. 1 und 2 der Technischen Grundsätze folgende Bauart der Türsicherung zulässig:

1. Die Bewegung des Triebwerkes muß unmittelbar oder mittelbar zwangsläufig verhindert sein, solange nicht alle Fahrschachttüren geschlossen sind.
2. Die Sperrung der Fahrschachttüren darf nicht zwangsläufig erfolgen, sondern muß durch Federkraft, Gewichtsbelastung od. dgl. spätestens dann herbeigeführt werden, wenn der Fahrkorb den Überfahrweg verläßt.
3. Die Bewegung des Triebwerkes muß unmittelbar oder mittelbar zwangsläufig unterbrochen werden, wenn der Fahrkorb den Überfahrweg (vgl. T.G. Ziffer 23, Abs. 2) verläßt und eine der beiden Fahrschachttüren nicht gesperrt ist. Die hierzu getroffenen Einrichtungen müssen so gebaut sein, daß ihr mechanischer Teil beim betriebsmäßigen Arbeiten der Anlage stets in der gleichen Weise bewegt wird, wie im Falle der Gefahr, daß also ein Versagen durch Festrosten, Verschmutzen od. dgl. nach Möglichkeit ausgeschlossen ist.

Die gleiche Ausnahme gilt bei Umstellaufzügen und Lastenaufzügen unabhängig von der Förderhöhe und der Anzahl der Haltestellen für solche Fahrschachttüren an der untersten Haltestelle, über denen auf der gleichen Seite des Fahrschachtes keine weiteren Schachtzugänge liegen.

Diese Ausnahmevorschriften werden z. B. durch eine Bauart erfüllt, bei der

a) bei geöffneter Fahrschachttür der Steuerstromkreis in der üblichen Weise zwangsläufig unterbrochen ist;

b) die Sperriegel der Fahrschachttüren durch Federkraft eingerückt und durch einen Anschlag am Fahrkorb (Fahrkorbkurve) ausgerückt werden und beim Entriegeln der Fahrschachttüren ein vom Riegel bewegter Kontakt zwangsläufig unterbrochen wird, der außerhalb des Überfahrweges den Steuerstrom des Triebwerkes führt;

c) ein zusätzlicher Steuerstromkontakt innerhalb der Überfahrwege den unterbrochenen Riegelkontakt überbrückt und außerhalb der Überfahrwege zwangsläufig unterbrochen ist."

---

[1] Vgl. Reichsarbeitsblatt 1935, Nr. 23, III 176, sowie Donaudt, H., Dr.-Ing.: „Grundsätzliches über die selbsttätigen Schachttürsicherungen von Aufzügen" in: „Fördertechnik und Frachtverkehr", 1935, H. 21/22.

Verlag von Julius Springer in Berlin

Grundlagen des Aufzugsbaues. Mit Berücksichtigung der Aufzugsverordnung vom Jahre 1926. Von Oberregierungsrat Dr. **M. Paetzold.** Mit 165 Abbildungen im Text. V, 172 Seiten. 1927. Geb. RM 18.—

Hebe- und Förderanlagen. Ein Lehrbuch für Studierende und Ingenieure. Von Prof. Dr.-Ing. e. h. **H. Aumund** (Berlin). Zweite, vermehrte Auflage.

Erster Band: Allgemeine Anordnung und Verwendung. Mit 414 Abbildungen im Text. XX, 444 Seiten. 1926. Geb. RM 29.70

Zweiter Band: Anordnung und Verwendung für Sonderzwecke. Mit 306 Abbildungen im Text. XVIII, 480 Seiten. 1926. Geb. RM 37.80

Kran- und Transportanlagen für Hütten-, Hafen-, Werft- und Werkstatt-Betriebe. Von Dipl.-Ing. **C. Michenfelder** (Wismar). Zweite, umgearbeitete und vermehrte Auflage. Mit 1097 Textabbildungen. VIII, 684 Seiten. 1926. Geb. RM 60.75

Hebetechnik. Von Studienrat Dipl.-Ing. **H. R. Müller.** (Technische Fachbücher, Bd. 8.) Mit 44 Textabbildungen und 118 Aufgaben nebst Lösungen. IV, 124 Seiten. 1927. RM 2.02

Beförderungstechnik. Von Studienrat Dipl.-Ing. **H. R. Müller.** (Technische Fachbücher, Bd. 5.) Mit 34 Abbildungen im Text und 92 Aufgaben nebst Lösungen. 116 Seiten. 1928. RM 2.02

Der neuzeitliche Aufzug mit Treibscheibenantrieb. Charakterisierung, Theorie, Normung. Von Dipl.-Ing. **F. Hymans** (New York) und Dipl.-Ing. **A. V. Hellborn** (Stockholm). Mit 107 Abbildungen im Text. VI, 156 Seiten. 1927. Geb. RM 14.31

Berechnung elektrischer Förderanlagen. Von Dipl.-Ing. **E. G. Weyhausen** und Dipl.-Ing. **P. Mettgenberg.** Mit 39 Textfiguren. IV, 90 Seiten. 1920. RM 2.70

Der Fahrstuhlführer. Beschreibung der wichtigsten Teile einer Aufzugsanlage nebst Betriebs- und Bedienungsanleitung. Bearbeitet von **F. Generlich** und **H. Martens.** Mit Anhang: Polizeiverordnung vom Jahre 1927 betreffend Einrichtung und Betrieb von Aufzügen und einer Tafel Zeichnungen. Vierte, durchgesehene und verbesserte Auflage. 48 Seiten. 1928. RM 1.62

Verlag von Julius Springer in Berlin

Winden und Krane. Aufbau, Berechnung und Konstruktion. Für Studierende und Ingenieure bearbeitet von Dipl.-Ing. **R. Hänchen** (Berlin). Mit 1018 Textabbildungen. X, 495 Seiten. 1932. Geb. RM 48.—
Auch in Einzelheften wie folgt lieferbar:
Erstes Heft: Allgemeines und Maschinenteile der Winden und Krane (1. Teil). Mit 156 Textabbildungen. 66 Seiten. 1932. RM 6.60
Zweites Heft: Maschinenteile der Winden und Krane (2. Teil). Mit 175 Textabbildungen. 72 Seiten. 1932. RM 7.20
Drittes Heft: Lastaufnahmemittel. Elektrische Ausrüstung der Winden und Krane. Ortsfeste und tragbare Winden. Mit 154 Textabbildungen. 82 Seiten. 1932. RM 7.75
Viertes Heft: Laufkatzen und Laufkrane. Mit 158 Textabbildungen. 86 Seiten. 1932. RM 8.—
Fünftes Heft: Torkrane (Bockkrane). — Verladebrücken. — Konsolkrane. — Ortsfeste Drehkrane. Mit 248 Textabbildungen. 94 Seiten. 1932. RM 8.—
Sechstes Heft: Fahrbare Drehkrane. — Schwimmkrane und Sonderkrane. Mit 123 Textabbildungen. 95 Seiten. 1932. RM 8.—
Einbanddecke zu Heft 1—6 RM 2.—

Die Drahtseilbahnen (Schwebebahnen) einschließlich der Kabelkrane und Elektrohängebahnen. Von Prof. Dipl.-Ing. **P. Stephan.** Vierte, verbesserte Auflage. Mit 664 Textabbildungen und 3 Tafeln. XII, 572 Seiten. 1926. Geb. RM 29.70

Die Drahtseile als Schachtförderseile. Von Dr.-Ing. **Alfred Wyszomirski.** Mit 30 Textabbildungen. IV, 94 Seiten. 1920. RM 2.70

Die Förderung von Massengütern. Von Prof. Dipl.-Ing. **Georg v. Hanffstengel** (Berlin).
Erster Band: Bau und Berechnung der stetig arbeitenden Förderer. Dritte, umgearbeitete und vermehrte Auflage. Mit 531 Textfiguren. VIII, 306 Seiten. 1921. Unveränderter Neudruck 1922. Geb. RM 16.20
Zweiter Band: Dritte, vollständig umgearbeitete Auflage.
I. Teil: Bahnen (Wagen für Massengüter, Wagenkipper, Zweischienige Bahnen, Hängebahnen). Mit 555 Textabbildungen. VII, 347 Seiten. 1926. Geb. RM 21.60
II. Teil: Krane und zusammengesetzte Förderanlagen. Mit 431 Textabbildungen. VII, 332 Seiten. 1929. Geb. RM 21.60

Billig Verladen und Fördern. Die maßgebenden Gesichtspunkte für die Schaffung von Neuanlagen nebst Beschreibung und Beurteilung der bestehenden Verlade- und Fördermittel unter besonderer Berücksichtigung ihrer Wirtschaftlichkeit. Von Prof. Dipl.-Ing. **Georg v. Hanffstengel** (Berlin). Dritte, neubearbeitete Auflage. Mit 190 Textabbildungen. VIII, 178 Seiten. 1926. RM 5.40

Verlag von Julius Springer in Wien

Lastenbewegung. Bauarten, Betrieb, Wirtschaftlichkeit der Lasthebemaschinen. Leichtfaßlich dargestellt von Ing. **Josef Schoenecker.** Mit 245 Abbildungen im Text nach Zeichnungen des Verfassers. VI, 160 Seiten. 1926. RM 5.70

MIX
Papier aus verantwortungsvollen Quellen
Paper from responsible sources
FSC® C105338

If you have any concerns about our products,
you can contact us on
ProductSafety@springernature.com

In case Publisher is established outside the EU,
the EU authorized representative is:
**Springer Nature Customer Service Center GmbH
Europaplatz 3, 69115 Heidelberg, Germany**

Printed by Libri Plureos GmbH
in Hamburg, Germany